全国统计教材编审委员会“十一五”规划教材

统计实验教材系列　许涤龙　主编

数理统计学实验

★ 马守荣　谭朵朵　侯鹏　编著

中国统计出版社
China Statistics Press

(京)新登字 041 号

图书在版编目(CIP)数据

数理统计学实验/马守荣，谭朵朵，侯鹏编著 .--北京:中国统计出版社，2010.8

ISBN 978-7-5037-6025-9

Ⅰ.①数… Ⅱ.①马… ②谭… ③侯… Ⅲ.①数理统计-实验-高等学校-教材 Ⅳ.①O212-33

中国版本图书馆 CIP 数据核字(2010)第 149326 号

数理统计学实验

作　　者/马守荣　谭朵朵　侯鹏
责任编辑/吕　军
装帧设计/黄　晨
出版发行/中国统计出版社
通信地址/北京市西城区月坛南街 57 号　邮政编码/100826
办公地址/北京市丰台区西三环南路甲 6 号
网　　址/www. stats. gov. cn/tjshujia
电　　话/邮购(010)63376907　书店(010)68783172
印　　刷/河北天普润印刷厂
经　　销/新华书店
开　　本/710×1000mm　1/18
字　　数/190 千字
印　　张/11.5
印　　数/1-3000 册
版　　别/2010 年 9 月第 1 版
版　　次/2010 年 9 月第 1 次印刷
书　　号/ISBN 978-7-5037-6025-9/O·76
定　　价/22.00 元

出版说明

“十一五”时期是继续深化教育改革、加强素质教育、努力建设有利于创新型科技人才生长的教育培训体系的关键时期。为了更好地培育统计创新型科技人才，适应统计教育培训的新形势，全国统计教材编审委员会制定了《“十一五”全国统计教材建设规划》（以下简称《规划》）。规划坚持“以人为本”的科学发展观，坚持统计教育与实践相结合，坚持统计教育同国际接轨，坚持培养创新型的统计人才的指导思想，编写符合国民经济发展需要和统计事业发展需要的统计教材。

这批教材是在深入分析统计教育形势和统计教材建设发展状况，总结多年来统计教材建设经验的基础上，本着以建设本科统计教材为主的方针，积极探索研究生层次的统计教材，力争使规划统计教材的编写做到层次分明，有针对性和实用性。建设精品教材，是编委会自成立以来就孜孜以求的目标。考虑到统计教材建设的实际情况，“十一五”期间，本科教材主要以修订为主，对以往规划统计教材中使用面广、得到广大教师和学生普遍认可的教材组织了修订。修订后的教材，淘汰了过时的内容和例子，增加了计算机操作和大量的案例，编写手法也做了一定的调整，在实用性、可操作性等方面有了较大的改进。

近年来，我国现代化建设快速发展，高等教育规模持续扩大，尤其是研究生教育规模的扩大，使得高等学校研究生统计教学工作面临着许多新情况、新问题，任务艰巨。因此，必须坚持科学发展观，在规模持续发展的同时，把提高研究生统计教学质量放在突出的位置，培养全面发展的创新型的统计人才。教材是统计教学的载体，建设高质量的研究生层次的统计教材是统计教育发展的需要。因此，编委会在“十一五”期间对研究生的统计基础课教材编写做了些有益的探索。根据《规划》的要求，这批教材主要采取招标和邀请的方式组织有关院校的专家、学者编写。

值得特别提出的是，在这批教材中，有《非参数统计》、《概率论与数理统计》、《经济计量学教程》、《医学统计》、《应用时间序列分析》、《多元统计分析》、《统计学》、《现代指数理论》、《现代金融投资统计分析》9部教材入选国家教育部组织编写的“普通高等教育‘十一五’国家级规划教材”，更加充实和完善了“十一五”期间统计教材的建设。

为了便于教学和学习，这批教材里面包含了与之相配套的《学习指导与习题》，使得这批教材在编辑出版上形成了比较完整的体系。我们相信，这批教材的出版和发行，对于推动我国统计教育改革，加快我国统计教材体系和教材内容更新、改造的步伐，打造精品教材，都将起到积极的促进作用。

限于水平和经验，这批教材的编审、出版工作还会有缺点和不足，诚恳欢迎教材的使用单位、广大教师和同学们提出批评和建议。

全国统计教材编审委员会

2006年6月

总　序

随着我国经济、社会和科技的发展，统计应用的面越来越广，如何用好统计工具，成为人才培养、科学研究和实际工作中面临的共同问题。而科学地应用统计工具，至少要解决好三个问题：一是用好统计数据，即了解所要采用的统计数据的性质和特点，做到"用数据说话"；二是用好统计方法，即能够根据统计数据的性质和特点，采用恰当的统计方法对之进行分析研究，使得"用数据说话"说得恰当而有力；三是用好统计软件，即在现代信息技术条件下，能够运用统计软件对大量数据进行处理和分析，提高分析研究的精度与效率。在现代科技条件下，上述三个方面是统计工具应用的有机组成部分，三者必须相互结合、不可分割。而统计实验教学，就是上述三者相互结合的一种新的教学模式，它针对所要研究解决的实际问题，将相应的统计数据、统计方法和统计软件相结合，在专门实验室内完成统计过程的模拟、统计知识的学习和统计技能的培养，使学习者能够在模拟实践的环境下，掌握统计工具应用技能，提高统计实践能力。

传统的统计教学与通常的社会科学类专业教学一样，基本上属于理论教学模式。我们所倡导的实验教学模式与理论教学模式有很大的不同：第一，教学场所不同，理论教学是在教室进行，实验教学是在实验室进行（在具备条件的单台计算机上亦可进行个别学习）；第二，教学工具不同，与一般教室的教学工具配给不同，实施统计实验教学的实验室至少需要配备计算机、统计软件及相关配套设施，并具备良好的网络运行环境；第三，教学方式不同，理论教学通常是教师讲、学生听、偶尔有交流，实验教学要求学生与教师一起在计算机上进行操作，学习的自主性更强；第四，教学内容不同，与理论教学比较，实验教学使学生在学习统计理论与方法的同时也学习了统计软件应用技术，并且能够进行更复杂的统计方法的学习和更大规模的统计数据的处理；第五，教学效率不同，由于节省了板书时间，实验教学在单位时间内比理论教学能够提供更大的信息量，讲授更多的内容；第六，教学效果不同，实验教学是在模拟实践环境和遇到实际问题时通过实验项目来完成，一般情况下比理论教学更有利于培养学生的研究能力、创新能力和实践能力。当然，我们倡导实验教学，并不是要用实验教学完全取代理论教学，而是将统计课程中能够实验化的部分（通常就是统计方法及其应用问题）予以实验化，即：将之设计成为实验项目来实施教学，它既是统计教学模式的创新，也是对对统计理论教学的延伸和发展。对于大多数统计课程来说，并不是所有的教学内容都可以实验化，因而实验教学应当与理论教学相结合。

然而，目前在我国高校统计教学工作中，理论讲授过多、实际操作过少、缺少实验教学环节的问题仍然比较突出，统计实验教材少，而与相关课程理论教学相配套的实验教材更少。为此，我们组织编写了本套"统计实验教材系列"，其设计和编写的基本思路是：

一、按照统计专业主干课程设计实验教材。为了更好地体现统计理论教学与实验教学相结合并便于组织教学实施，我们基本上根据现阶段统计专业的主干课程来设计实验教材的种类，使得各门专业主干课程都有实验教材与之相配套。初步计划，系列实验教材包括八种，即：《统计学基础实验》、《数理统计学实验》、《计量经济学实验》、《多元统计分析实验》、《时间序列分析实验》、《数据挖掘实验》、《市场调查与分析实验》和《经济预测与决策实验》。

二、各种实验教材的内容由系列实验项目组成。实验项目是根据课程教学内容进行实验设计而成，一般包括三类：一是演示性实验，通常用来介绍所选用的统计软件，包括统计软件运行的硬件条件与环境；二是设计性实验，用来展示课程中各种统计方法的应用技术及其实现过程，一般按课程的主要统计方法类别分别设计实验项目，是一门课程实验项目的主要形式；三是综合性实验，属于一门课程各种统计方法综合运用的大型实验项目，主要培养学生综合运用各种统计方法分析和解决实际问题的能力。

三、实验项目的设计体现教学规律的要求。实验教材包括的各个实验项目，大多都是编著教师在长期的教学实践中经过不断探索、反复试验而总结形成的，不仅在内容和形式上具有创新性，而且力求体现教学规律的要求。一个实验项目按照教学程序大致包括以下几个部分内容：(1)实验目的，概述一个实验项目设计的意图与思路，应达到的目的与要求；(2)实验原理，简要介绍实验项目所应用的理论、方法与模型；(3)实验数据，给出实验项目要用到的数据；(4)实验过程，具体说明实验项目操作的环节、步骤及其要求，是实验项目的主体；(5)实验小结，归纳实验的要点，给出类推实验和相关提示；(6)练习实验，给出同类或相关方法实验的练习题。在课时设计上，一般一个实验项目对应2个课时，大型综合性实验项目可安排4个课时。

由此可见，本套教材是统计教学模式改革和统计实验教学建设的结果。

本套教材的编写和出版，各位编著教师付出了艰辛的努力，全国统计教材编审委员会、中国统计出版社和国家统计局统计教育中心给予了大力的支持，并得到湖南省普通高等学校教学改革研究项目《经济管理类专业实验教学模式的创新与应用》的支持，在此一并致以诚挚的感谢！

统计实验教学及其教材编写在我国还是一项具有探索性的工作，加之编者的学识水平和研究能力有限，教材中的问题和错漏在所难免，敬请各位专家和读者批评指正，也祈盼有关教学研究和教材编写工作能够不断推进。

许涤龙

2009年3月

前　言

21 世纪对统计人才的需求更趋微观化和多元化，这要求学生具有较强的分析问题和解决问题的综合能力。进行实验教学，是全面完成统计教学和培养统计专业人才的重要过程，是统计理论学习的继续、补充和发展，是实现理论与实践相结合的重要环节，是培养学生实践技能和独立工作的重要手段，也是使高校培养出来的学生更好地符合社会需要的一个重要步骤。因而是统计教育全过程的一个重要的组成部分。

数理统计学是数学方法与实际相结合、应用最为广泛的学科之一。而在数理统计学课程教学中，我们发现，很多学生对于数理统计的学习仅仅停留在对基础理论知识的掌握，缺乏运用统计软件对实际问题具体分析的能力。《数理统计学实验》作为“数理统计学”（或“概率论与数理统计”）课程的实验教材，其编写的目的在于，在讲授数理统计基础理论和基本方法的同时，组织学生做同步的实验，通过实验操作，使学生加深对基础理论和方法的理解，掌握数理统计方法的实际应用，增强学生处理实际问题的基本技能，培养学生的创新能力。

本书可作为高等院校统计、经济、管理、理学、工学及其他社会科学、自然科学类专业的本科生学习数理统计学课程的教材，也可以作为相关专业的研究生和广大实际工作者学习该课程的参考用书。

本书由许涤龙教授负责提出写作构思，设计全书的主体框架；由马守荣、谭朵朵、侯鹏编著。全书共分为 8 个实验项目，项目 1、项目 2 和项目 3 由谭朵朵执笔；项目 4 由侯鹏执笔；项目5、项目6、项目7和项目8由马守荣执笔。本书中的实验数据可在 http://www.stats.gov.cn/tjshujia/tjjc/ 下载或查询。

限于编者的知识和水平，书中的错误及不当之处在所难免，恳请广大读者不吝批评指正。

本书在编著过程中，参考了许多专家、学者的有关教材、专著、论文，并引用了部分资料，从中获益匪浅；同时本书的出版还得到了中国统计出版社的大力支持，在此一并表示衷心的感谢。

编者

2010年3月

目录

目录

目录

目录

项目 1

Matlab 编程简介

1.1 实验目的

数理统计是运用概率的理论来研究大量随机现象的规律性，对经过科学安排的一定数量的实验所得到的统计方法给出严格的理论证明，并判定各种方法应用的条件以及方法、公式、结论的可靠程度和局限性。借助计算机的数据处理和分析功能使实验者能从一组样本来判定是否能以相当大的概率来保证某一判断是正确的，并可以控制发生错误的概率。Matlab 是由美国 Mathworks 公司开发的集数值计算、符号计算和图形可视化三大基本功能于一体的，功能强大、操作简单的语言，是国际公认的优秀数学应用软件之一。Matlab 包含了专门用于数理统计处理的工具箱，为学习和运用数理统计理论提供了一个综合的工具集。

本实验目的旨在使学生理解掌握 Matlab 7.0 的基本使用方法，包括 Matlab 的安装、启动与退出、Matlab 应用入门和基本的编程知识。

1.2 实验原理

Matlab 是 Matrix 和 Laboratory 两词的前三个字母组合而成，意为矩阵实验室。20 世纪 70 年代后期，时任美国新墨西哥大学计算机科学系主任的 Cleve Moler 教授出于减轻学生编程负担的动机，为学生设计了一组调用 Linpack 和 Eispack 库程序的简单接口程序，此即为用 Fortran 编写的萌芽状态的 Matlab。20 世纪 80 年代初期，Cleve Moler 与 John Little 等利用 C 语言开发了新一代的 Matlab 语言，此时的 Matlab 语言已同时具备数值计算功能和简单的图形处理功能。1984 年，Cleve Moler 与 John Little 等正式成立了 Mathworks 公司，正式把 Matlab 语言推向市场，并开始对 Matlab 工具箱的开发设计。1993 年，Mathworks 公司推出了基于个人计算机的 Matlab 4.0 版本，其后陆续推出几种升级版本，2004 年 6 月 Matlab 7.0 版本开始发布。现在，Matlab 已经发展成为适合多学科的大型软件，在世界各高校，Matlab 已经成为线性代数、数值分析、数理统计、自动控制、动态系统仿真等高级课程的基本教学工具。

Matlab 系统由两部分组成，即 Matlab 内核及辅助工具箱，两者的调用构成了 Matlab 的强大功能。矩阵和数组是其核心，Matlab 中的所有数据都以数组来表示和存储。Matlab 数学计算分为数值计算和符号运算，其以矩阵为基本运算单元，不管是数值矩阵还是符号矩阵都不必事先定义矩阵维数大小，Matlab 会根据用户输入的矩阵结构自动配置，并在以后的运算中按正确的数学法则自动调整矩阵的维数。同时，Matlab 能够给数据以二维、三维甚至四维的图形表现，通过对图形线型、立面、色彩等品性处理，表现计算数据的特征。

Matlab 作为一种高级语言，它不仅能使用户以一种人机交互式的方式工作，还可以像 Fortran、C 等其他高级计算机语言一样进行控制流的程序设计，即编制一种以 .m 为扩展名的 Matlab 程序(简称 M 文件)。Matlab 语言提供了很多工具箱，工具箱中的函数就是一个个的 M 文件，正是有了这些工具箱，Matlab 才可以广泛运用到各领域。

1.3 实验过程

1.3.1 Matlab 的安装

1.3.1.1 Matlab 的安装过程

用户购买正版 Matlab 7.0 后，可以按照相关说明自行安装，安装过程也比较简单。下面以自定义安装为例，为读者介绍 Matlab 7.0 的安装过程。

将安装盘放入光驱中，如果用户事先没有安装过 Matlab 的其他版本，系统会自动搜索到 autorun 文件并进入安装界面；如果用户已经安装过较低版本的 Matlab 软件，系统会默认已经安装了 Matlab 7.0，此时需要用户自己执行 setup.exe 文件来启动 Matlab 7.0 的安装程序。安装界面如图 1.1 所示。

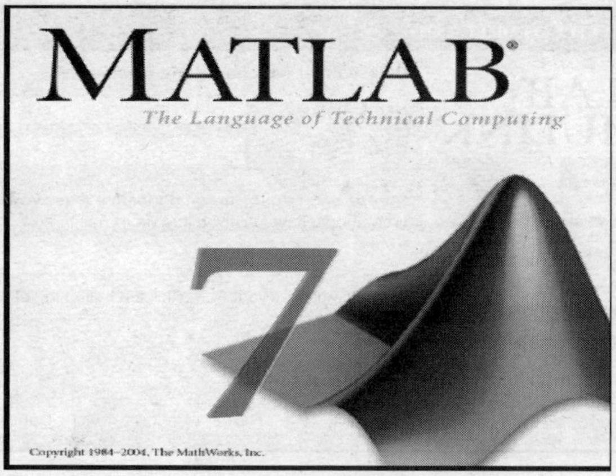

图 1.1　安装界面

接下来系统会自动弹出 Matlab 7.0 的欢迎对话框，该对话框提供了两个选择。选择 Install 按钮将安装 Matlab 7.0，而选择另一个选项将对已经安装的 Matlab 7.0 的注册码进行更新。这里选择 Install 按钮，如图 1.2 所示。

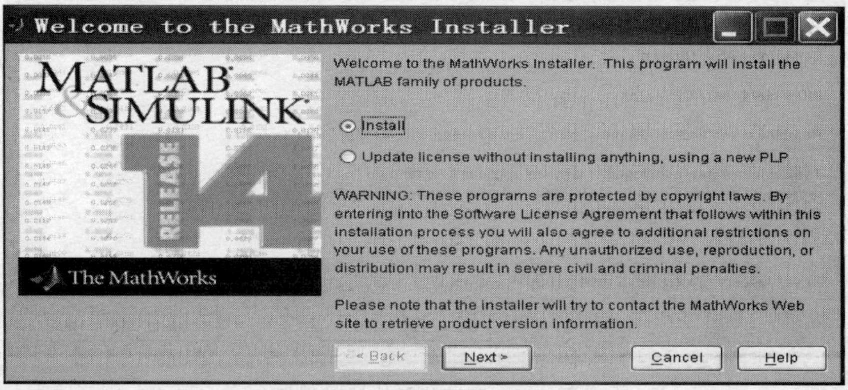

图 1.2　欢迎对话框

单击欢迎对话框中的 Next 按钮，进入安装操作。用户输入姓名和所在的公司，以及软件的注册码，如图 1.3 所示。

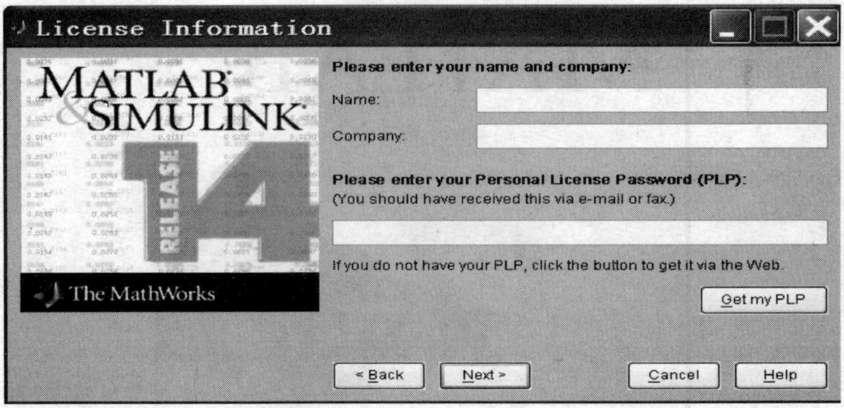

图 1.3　安装注册对话框

单击安装注册对话框中的 Next 按钮，此时会弹出安装注册协议对话框，如图 1.4 所示。

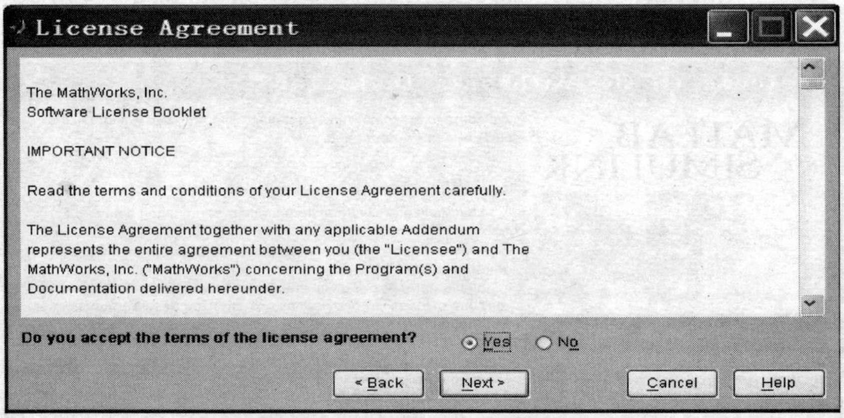

图 1.4　安装注册协议对话框

用户阅读完对话框的协议后，如果同意协议的要求，就可以选择 Yes 按钮，进入下一步。单击安装协议对话框中的 Next 按钮，弹出组件选择对话框，如图 1.5 所示。

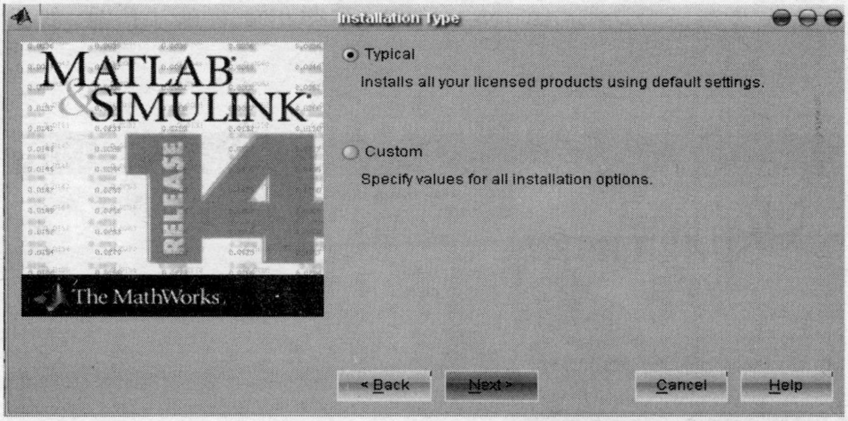

图 1.5　组件选择对话框

用户如果选中 Typical 按钮,将安装用户购买的全部 Matlab 7.0 组件;若选 Custom 按钮,则将弹出一个文本框用来显示用户所要安装的 Matlab 7.0 组件。对于一般用户来说,许多工具箱并不常用,而且安装过多的工具箱也会影响到运行速度,因此用户可以有选择的安装一些组件。一般来说,用户只需选择 Matlab,Symbolic Math Toolbox 和 Matlab Complier 即可完成基本的编程运算。这里选择安装全部 Matlab 7.0 组件。单击对话框中的 Next 按钮,进入 Matlab 7.0 的安装路径对话框,默认的路径为 C:\MATLAB7\。用户可以选择默认的路径,也可以点击 Browse 按钮更改安装路径,这里选择默认路径,如图 1.6 所示。

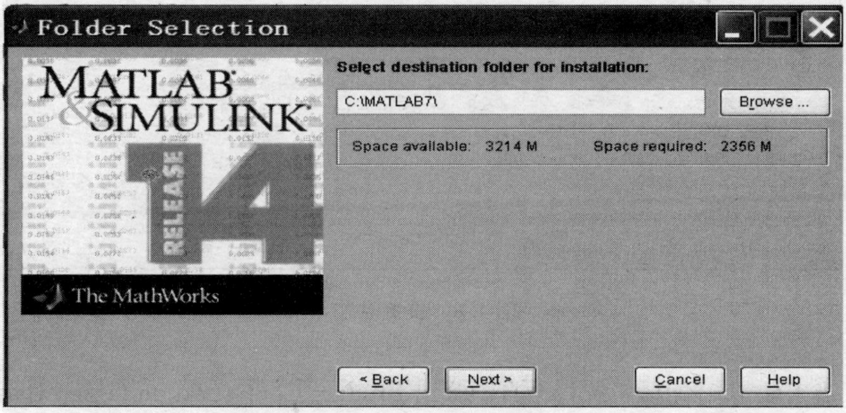

图 1.6　安装路径对话框

单击安装路径对话框中的 Next 按钮，将弹出安装确认信息，如图 1.7 所示。

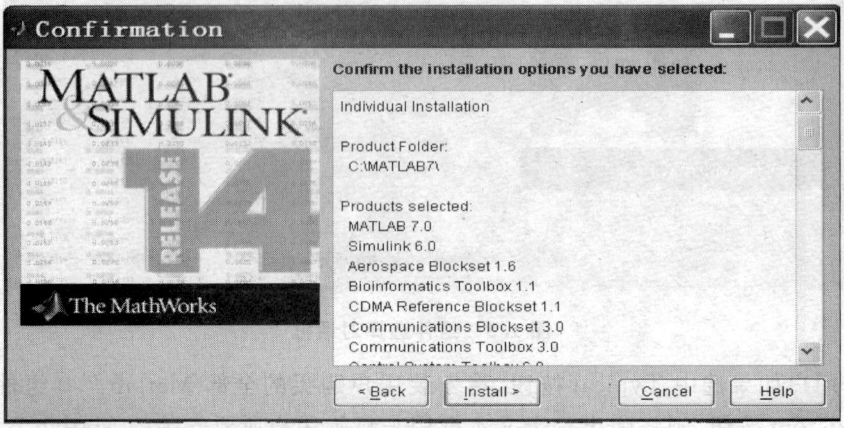

图 1.7　安装确认信息

单击 Install 按钮，进入 Matlab 7.0 的安装状态，如图 1.8 所示。

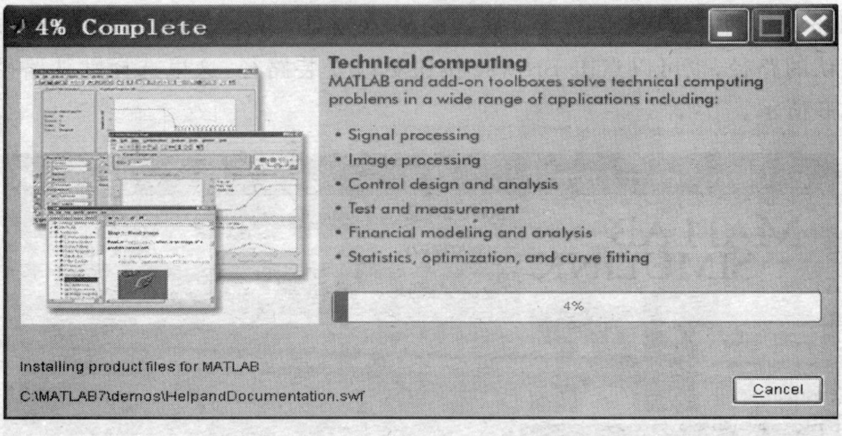

图 1.8　安装状态

当安装 100%时，系统将会自动弹出 Product Configuration Notes 对话框，如图 1.9 所示。

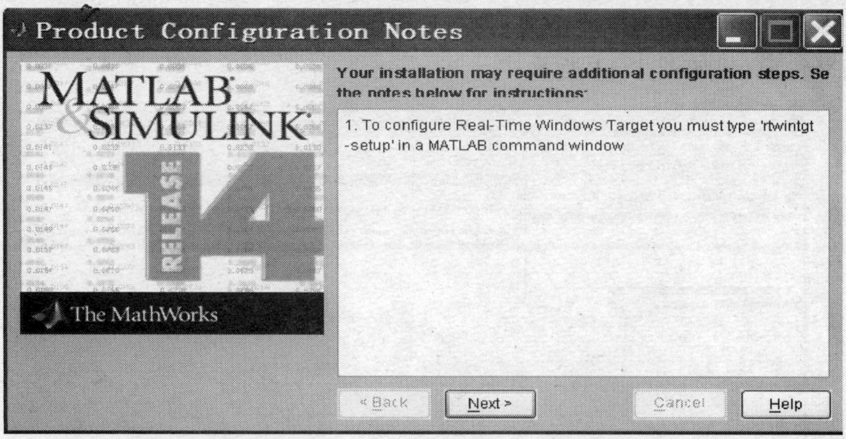

图 1.9 Product Configuration Notes 对话框

单击对话框中的 Next 按钮，系统会弹出 Installation Complete 对话框，单击 Complete 按钮，结束 Matlab 7.0 的安装。若选中 Start MATLAB 复选框，将在完成 Matlab 7.0 的安装后启动 Matlab 7.0，如图 1.10 所示。

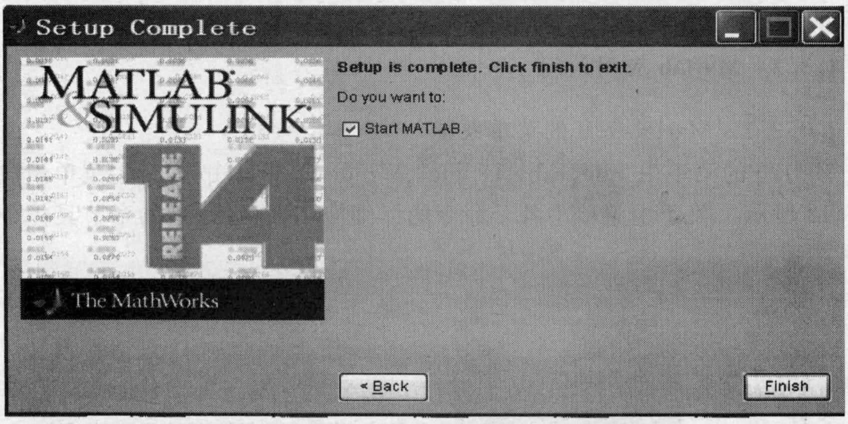

图 1.10 Installation Complete 对话框

1.3.1.2 Matlab 的启动和退出

与常规的应用软件相同，Matlab 的启动也有多种方式，首先常用的方法就是双击桌面的 Matlab 图标，也可以在开始菜单的程序选项中选择 Matlab7.0 组件中的快捷方式，当然也可以在 Matlab 的安装路径的子目录中选择可执行文件“MATLAB.exe”。

启动 MATLAB 后，将打开一个 Matlab 的欢迎界面，随后打开 Matlab 的系统默认界面，界面有 4 个主要的窗口：命令窗口、命令历史窗口、工作空间和当前路径窗口，如图 1.11 所示。

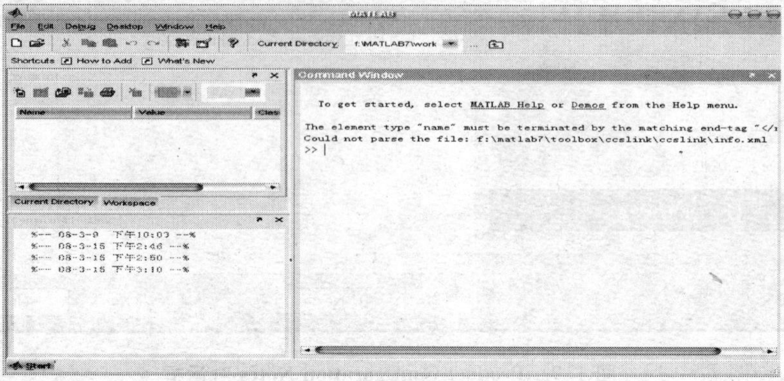

图 1.11 Matlab 7.0 用户界面

Matlab 的退出也有多种方式，有三种方法可以结束 Matlab：1. 在命令窗键入 exit 或 quit。2. 在 file 菜单中选择退出。3. 直接关闭 Matlab 的命令窗口。

1.3.2 Matlab 应用入门

1.3.2.1 Matlab 7.0 的菜单系统

Matlab 的菜单由 File、Edit、Debug 、Window 和 Help 五个主菜单组成，如图 1.12 所示。关于主菜单中各个命令的详细应用，将在以后的章节具体介绍。

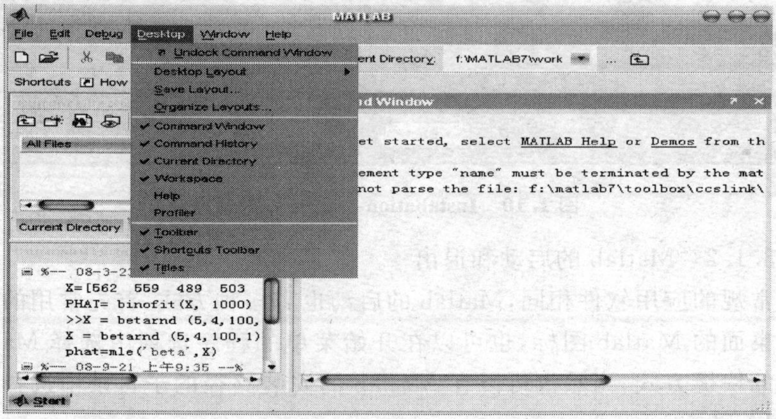

图 1.12 Matlab 的菜单系统

1.3.2.2 Matlab 7.0 的工具栏

Matlab 7.0 用户界面的工具栏如图 1.13 所示。包括主工具栏和快捷工具栏，在此，我们主要介绍主工具栏中各图标的功能。

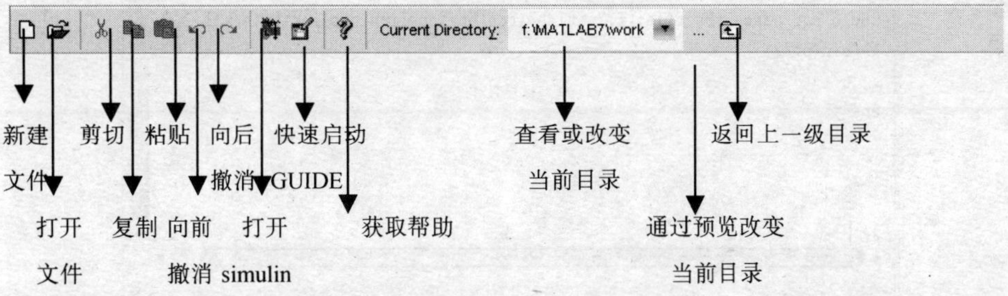

图 1.13 Matlab 的工具栏

1.3.2.3 Matlab 7.0 的窗口

1. 命令窗口

在默认设置下，命令窗口(Command Window)自动显示在 Matlab 界面中，命令窗口是用来与 Matlab 交互的主窗口，Matlab 7.0 用户界面的右侧窗口就是命令窗口。用户可以将命令窗口放大，使用鼠标点按钮即可独立打开命令窗口，如图 1.14 所示。

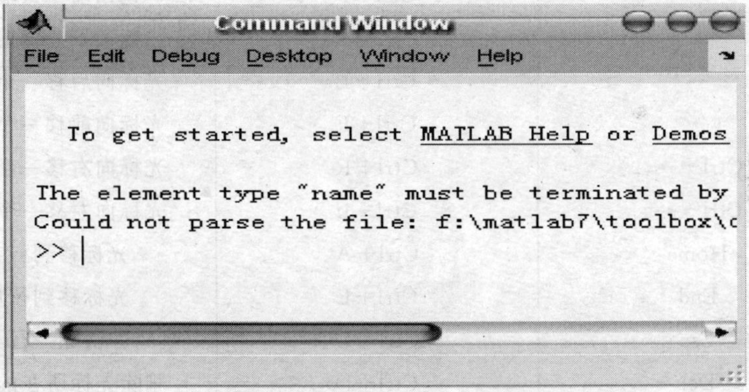

图 1.14 Matlab 的命令窗口

命令窗口是和 Matlab 编译器连接的主要窗口。一般来说，Matlab 的所有函数和命令都可以在命令窗口中执行。“＞＞”为运算提示符，表示 Matlab 处于准备状态。在命令窗口中输入指令后，系统自动地反馈信息。例如：求 $\pi/2$ 的正弦，在命令窗口中输入 sin(pi/2)，然后单击回车键，则会得到该表达式的值，如图 1.15 所示。

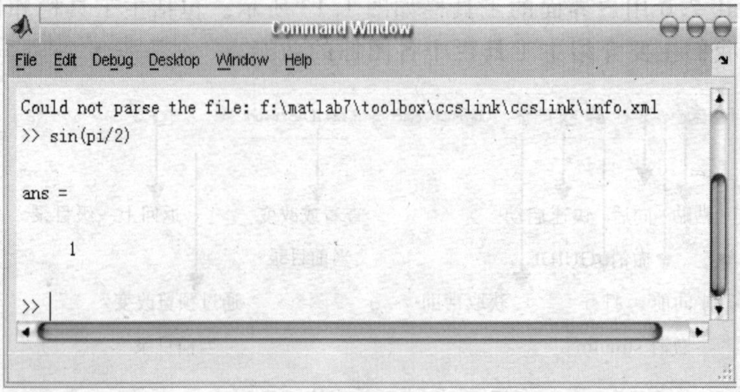

图 1.15　命令窗口演示

在 Matlab 命令行操作中，有一些键盘按键可以提供特殊而方便的编辑操作。如用"↑"可用于调出前一个命令行，"↓"可调出后一个命令行，避免了重新输入的麻烦。下面用表 1.1 列出命令行编辑指令。

表 1.1　命令行编辑指令

功能键	快捷键	功能说明
↑	Ctrl+P	返回前一行输入
↓	Ctrl+N	返回下一行输入
←	Ctrl+B	光标向后移一个字符
→	Ctrl+F	光标向前移一个字符
Ctrl—→	Ctrl+R	光标向右移一个字符
Ctrl—←	Ctrl+L	光标向左移一个字符
Home	Ctrl+A	光标移到行首
End	Ctrl+E	光标移到行尾
Esc	Ctrl+U	清除一行
Del	Ctrl+D	删除光标所在的字符
Backspace	Ctrl+H	删除光标前一个字符

2. 命令历史窗口

在默认设置下，命令历史窗口（Command History）自动显示在 Matlab 界面中，该窗口主要显示已执行过的命令，并标明使用时间，如图 1.16 所示。

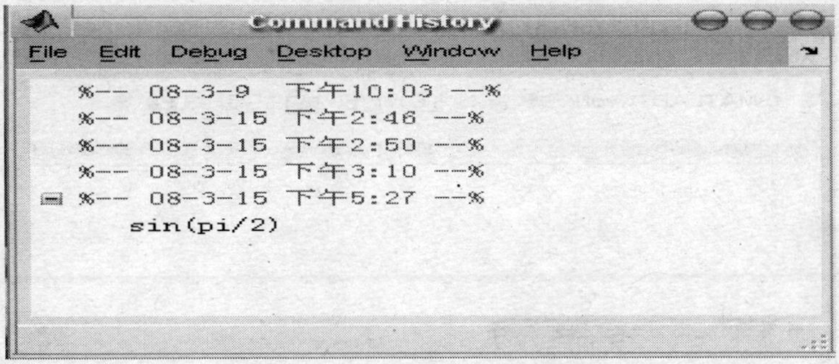

图 1.16　命令历史窗口演示

如果用户想再次执行已经执行过的命令，只需要在命令历史窗口中双击该命令。如果用户需要从命令历史窗口中删除一条或多条命令，只需选中这些命令，并单击右键，在弹出的快捷菜单中选 Delete Selection 就可以了。

3. 工作空间

工作空间(Workspace)是 Matlab 的重要组成部分。在工作空间管理窗口中将显示所有目前保存在内存中的 Matlab 变量的变量名、数据结构、字节数以及类型，而不同的变量类型分别对应不同的变量名图标，如图 1.17 所示。

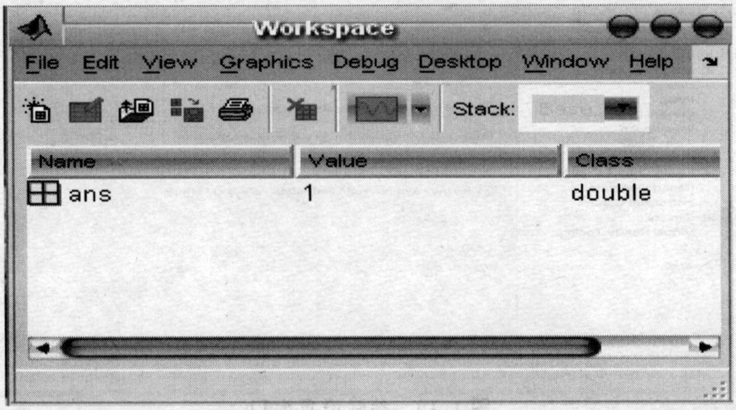

图 1.17　工作空间

4. 当前路径窗口

当前路径窗口(Current Directory)显示当前用户工作所在的路径，包括文件的保存等均是在当前路径下实现的，用户也可以执行 File/Set path 命令设置当前路径。如图 1.18 所示，当前用户工作路径为：F:\MATLAB7\work。

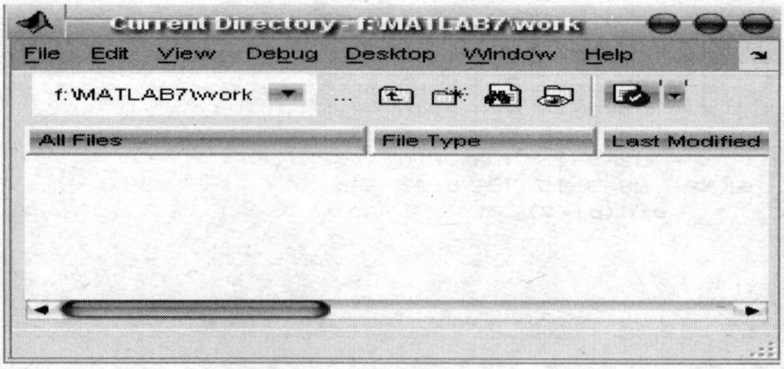

图 1.18　当前路径窗口

1.3.2.4　命令窗口管理

1. 环境参数设置

Matlab 命令窗口 File 菜单下的 Preferences 选项用于对 Matlab 工作环境中的参数进行设置。单击该选项弹出参数设置窗口，如图 1.19 所示。

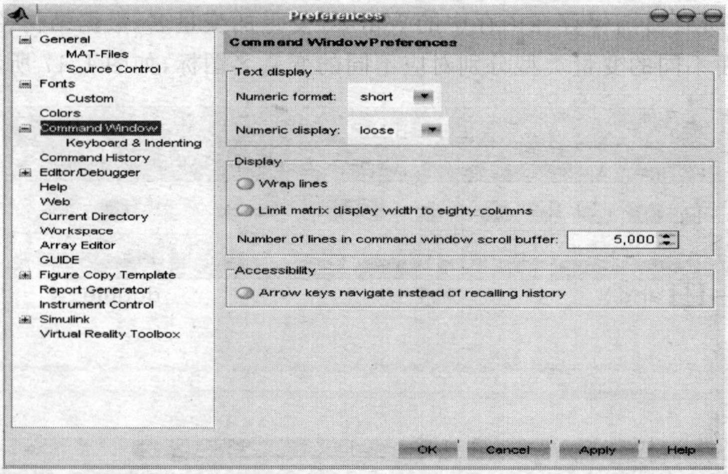

图 1.19　参数设置窗口

例如用户可以通过“Command Window”栏中的“Numeric Format”选项来设置命令窗口显示的数据格式，通过“Editor/Debugger”栏来指定优先编辑器等等。

2. 执行外部应用程序

在 Matlab 命令窗口中可以直接运行外部应用程序，方法是在程序名前加感叹号“!”。例如，在命令窗口输入：

!notepad

启动 Windows 记事本，并且当前的程序进程切换到记事本，Matlab 命令窗口处于停止状态，不能输入任何内容，直到把记事本关闭。如果在该命令后添加符号"&"，则外部程序将在另外的窗口执行，这时候 Matlab 命令窗口仍然保持活动状态。例如：

!notepad&

这条命令在打开记事本的同时，命令窗口仍然可以输入命令。类似的，

!dir&

这条命令可以另外打开一个 Dos 窗口运行 Dos 命令 dir，执行完后 Dos 窗口不关闭，而且 Matlab 命令窗口仍然保持活动状态。

1.3.3　Matlab 7.0 编程基础

1.3.3.1　M 文件

M 文件是由 Matlab 语言编写的可在 Matlab 语言环境下运行的 ASCII 型文本文件。M 文件的语法比一般高级语言简单，程序也比较容易调试，具有很好的交互性。由于商用的 Matlab 软件是用 C 语言编写而成，因此，M 文件的语法与 C 语言十分相似。对于熟悉 C 语言的用户来说，学习 Matlab 7.0 将是十分简单的事情。

M 文件不仅可以在 Matlab 的程序编辑器中编写，也可以在其他的文本编辑器中编写，并以"m"为扩展名加以存储。M 文件可以分为脚本文件(Script)和函数文件(Function)两种，它们各有自己的特点，下面予以介绍。

1. 脚本式 M 文件

脚本式文件的运行相当于在命令窗口中顺序输入运行命令，不需要在其中输入参数，也不需要给出输出变量来接受处理结果。脚本仅是若干命令或函数的集合，用于执行特定的功能。脚本的操作对象为 Matlab 工作空间内的变量，并且在脚本执行结束后，脚本中对变量的一切操作均会被保留。在 Matlab 语言中也可以在脚本内部定义变量，并且该变量将会自动地被加入到当前的 Matlab 工作空间中，并可以被其他的脚本或函数引用，直到 Matlab 被关闭或采用一定的命令将其删除。

要启动 M 文件编辑器和调试器，可以在命令窗口中输入 edit 命令，也可以选择 File 菜单中的 New/M－file 选项，或者单击图标按钮。如果用户想对已经存在的 M 文件进行编辑，可以使用 edit＋M 文件名的命令方式，M 文件运行界面如图 1.20 所示。有时用户需要对命令进行重复输入，而直接在命令窗

口输入比较麻烦，一种简单的做法就是用户将需要重复输入的命令按顺序放到一个 M 文件中，每次运行只要输入该 M 文件的文件名就可以了。

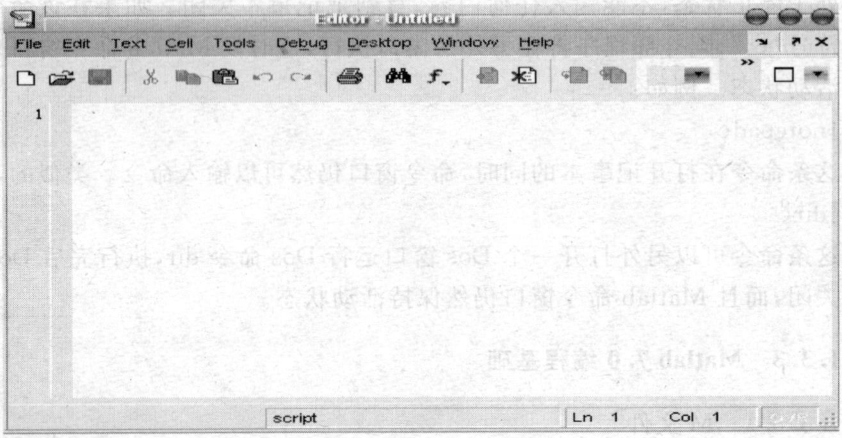

图 1.20 M 文件运行界面

【例 1.1】 编一个命令文件，求 Cos(1)，Cos(2)，…，Cos(5)的值。

解：在编辑窗口输入语句如下所示

```
%这是一个介绍脚本式文件的例子
%该函数用于顺序求得 Cos(1)，Cos(2)，…，Cos(5)的值
for i=1:5
    a=cos(i);
    fprintf('cos(%d)=',i)
    fprintf('%12.8f\n',a)
end
```

将该 M 文件以文件名 sumcos.m 保存在 work 文件夹下，如图 1.21 所示。在命令窗口输入 sumcos，并按回车键确认，将得到以下输出结果：

```
>>sumcos
cos(1)=0.54030231
cos(2)=-0.41614684
cos(3)=-0.98999250
cos(4)=-0.65364362
cos(5)=0.28366219
```

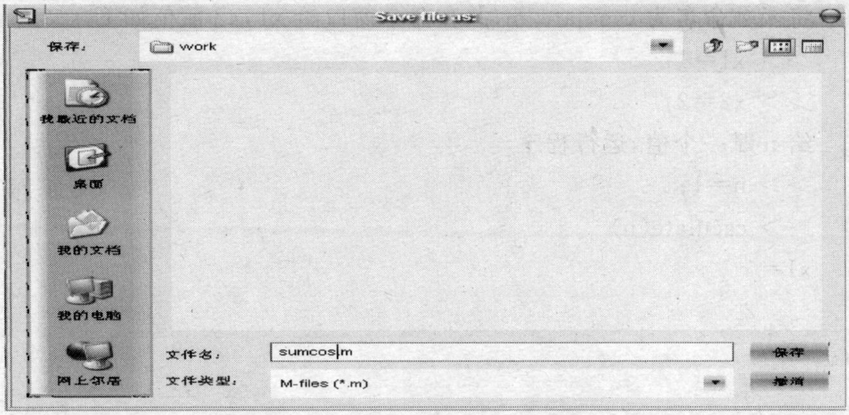

图 1.21　脚本式 M 文件的保存

2. 函数式 M 文件

函数式 M 文件比脚本式 M 文件要相对复杂些，脚本式 M 文件只是将一些命令语句组织在一起，不需要自带参数，也不一定要返回结果。函数式 M 文件需要给定输入参数，并能够对输入变量进行若干操作，实现特定的功能，最后给出一定的输出结果或图形等，其操作对象为函数的输入变量和函数内的局部变量等。函数式 M 文件中的变量以局部变量的形式存储在文件中，仅在函数运行期间有效，当函数运行完毕后，它定义的变量将从工作区中清除。

标准的函数式 M 文件一般由以下几个部分组成：

函数定义行：函数语句的第一行，以 function 开始，说明此文件是一个函数。

在该行中将定义函数名、输入变量列表及输出变量列表等。

HI 行：用一行文字来综述函数的功能。

帮助文本：提供了函数的完整的帮助信息，解释如何使用函数。

函数体：函数代码段，也是函数的主体部分，一般从第一个空白行后开始。

注释部分：描述函数的行为，对函数体中各语句进行解释，注释语句以%引导。

【例 1.2】　函数式 M 文件中变量的作用范围。

解：新建函数式 M 文件如下

```
%该例子用于比较两种不同 M 文件变量的存储方式
function y=caculate(n)
x1=n*2
x2=5/n
```

将函数命名为 caculate. m，并在命令窗口给 x1，x2 赋值如下

```
>> x1=1;
>> x2=2;
```

给 n 赋一个值，运行程序

```
>> n=1;
>> caculate(n)
x1=
    2
x2=
    5
```

在函数式 M 文件的内部，X1 和 X2 的值已经计算出来，而在工作区内，X1 和 X2 的值并没有发生变化。结果如下所示

```
>> x1
x1=
    1
>> x2
x2=
    2
```

下面我们来看脚本式 M 文件中变量是如何作用的。将上面的函数 M 文件改为脚本式 M 文件，并将函数以文件名 compare. m 保存在 work 文件夹下，如下所示

```
x1=n*2
x2=5/n
```

仍在命令窗口中给 X1 和 X2 赋值如下

```
>> x1=1;
>> x2=2;
```

给 n 赋一个值，运行程序

```
>> n=1;
>> compare(n)
x1=
    2
x2=
    5
```

再检查工作区内 X1 和 X2 的值

```
>> x1
x1=
     2
>>x2
x2=
     5
```

因此，对于脚本式 M 文件，文件中改变的值带到工作区中。

3. 子函数

函数文件可以包含一个以上的函数，文件中的第一个函数是主函数，其后的所有函数都是子函数，子函数只能被同一文件中的主函数和其他子函数访问。函数文件名和主函数名相同。

【例 1.3】 编制一函数，要求任意输入两个数值后，用两个子函数分别求出它们的和与它们的差，再将求得的结果相乘。

解：编制程序如下：

```
function ch=zhs(x,y)                %主函数
ch=zhs1(x,y) * zhs2(x,y);
function ch=zhs1(x,y)               %子函数 1
ch=x+y;
function ch=zhs2(x,y)               %子函数 2
ch=x-y;
```

4. 函数的执行

Matlab 第一次执行一个函数文件时，它打开相应的文本文件并将命令编译后存到存储器的内部，以加速执行以后所有的调用。如果函数包含了对其他函数的调用，它们也同样被编译到存储器。普通的脚本文件不被编译，即使它们是从函数内调用，打开脚本文件调用一次就逐行解释执行。

当函数执行到达 M 文件终点，或者碰到返回命令 return，就会结束执行并返回。返回命令 return 提供了一种结束一个函数的简单方法，而不必到达文件的终点。例如新建一个 M 文件，输入例 1.3 程序，并将文件以 zhs.m 保存在 work 夹下。

输入下列命令：

```
>> x=4;y=-12;
>> zhs(x,y)
```

即可得到：

```
ans=
    -128
```

1.3.3.2　变量及语句

1. 变量的类型

(1)变量与常量

与常规的程序设计语言不同，Matlab 并不要求事先对所使用的变量进行声明，也不需要指定变量类型，Matlab 语言会自动依据所赋予变量的值或对变量所进行的操作来识别变量的类型。在赋值过程中如果赋值变量已存在时，Matlab 将使用新值代替旧值，并以新值类型代替旧值类型。

在 Matlab 中变量的命名应遵循如下规则：

◊ 变量名区分大小写。

◊ 变量名长度不超 31 位，第 31 个字符之后的字符将被 Matlab 忽略。

◊ 变量名以字母开头，可以是字母、数字、下划线组成，但不能使用标点。

Matlab 本身也带有一些预定义的变量，这些特殊的变量称为常量。表 1.2 给出了 Matlab 中经常使用的一些常量值。

表 1.2　Matlab 的特殊变量

常　量	表示数值
pi	圆周率
eps	浮点运算的相对精度
inf	正无穷大
NaN	表示不定值
realmax	最大的浮点数
i,j	虚数单位

在 Matlab 中，定义变量时应避免与常量名重复，以防改变这些常量的值，如果已改变了某常量的值，可以通过“clear+常量名”命令恢复该常量的初始设定值。

(2)局部变量与全局变量

在 Matlab 7.0 语言中，变量主要有输入变量、输出变量及函数内所使用的变量。输入变量相当于函数的入口数据，是一个函数操作的主要对象。在某种程度上，函数就是对输入变量进行加工以实现一定的功能。Matlab 语言提供了函数 nargin 和函数 varargin 来控制输入变量的个数，以实现不定个数参数输入的操作。与其他的程序设计语言相同,在 Matlab 中也存在变量作用域的问题。函数内定义的变量均被视为局部变量，这些变量独立于其他函数,也独立于任何非函数的普通 M 文件。函数的输出变量可以赋给工作空间中的任何变量,从而达到修改该变量的目的。而函数的局部变量在退出函数体时将被系统自动清除。如果在一些函数内将某个变量定义为全局变量,则这些函数之间甚至与工作空间之间可以共享全局变量的值。若在其中某一个函数中对全局变量赋予新的值,则其他的函数再使用全局变量时,将按新的值计算。用户要使用全局变量,要采取 global 函数来定义,并且在任何使用该全局变量的函数中都应该加以定义。为了方便区别,一般用大写字母表示全局变量。

(3)永久变量

还有一种变量,它的使用范围被限制在声明这种变量的函数内部,不允许在其他的函数中对它进行修改,我们将这类变量称为永久变量。例如,函数式 M 文件可以通过声明一个变量 persistent 对函数中重复使用和递归调用的变量的访问进行限制,其格式形如 persistent(X Y Z)。

2. Matlab 基本语句

Matlab 语句的常用格式为:

变量名＝表达式(;)

或简化为:

表达式(;)

表达式可以由运算符、特殊字符、函数名、变量名等组成。表达式的结果为一矩阵,它赋给左边的变量,同时显示在屏幕上。如果省略变量名和"＝"号,则 Matlab 自动产生一个名为 ans 的变量,如输入:

```
100/25
```

结果为:

```
ans＝
    4
```

如果语句以分号";"结束,则抑制显示,例如:

```
A＝B＊B;
```

完成了 A 阵的产生,但在屏幕上不显示 A 的内容。这一点在 M 文件中大量采用,以抑制不必信息的显示。

如果表达式较长,在一行中放不下,则可以在行末键入用三个点"…"表示的续行符,指明下一行为续行。如

```
X＝1－1/2＋1/3－1/4＋1/5－1/6＋1/7－…
```

1/8+1/9-1/10-1/12;

计算结果为0.6532,但并不显示。

1.3.3.3 数据类型

Matlab的数据类型主要包括:字符串、矩阵、单元数组及结构型数据等,下面我们来重点介绍这几种数据。

1. 字符串

字符和字符串是Matlab的重要组成部分,Matlab中的字符串是其进行符号运算表达式的基本构成单元。所有的字符串都用单引号进行输入或赋值,也可以用函数char来生成。

【例1.4】 字符串的生成。

解:在命令窗口输入以下命令,并按回车键确认

```
>> str='This is a string!'
str=
  This is a string!
```

如果在命令窗口输入命令"whos",将获得变量的详细情况,包括变量名,变量的数组维数,占用字节数,变量的类别(如双精度),是否复数等。

```
>> whos
  Name      Size      Bytes Class
  str       1x17      34 char array
Grand total is 17 elements using 34 bytes
```

Matlab 7.0是采用C语言开发的,它的操作与C语言的相应操作基本相同,这里不再赘述。

2. 矩阵

Matlab的所有数值功能都通过矩阵来实现,因此,矩阵的运算是Matlab的核心。下面重点介绍矩阵的生成和矩阵的基本数值运算。

(1)矩阵的生成

通常,我们可以通过下列方法生成矩阵:

◊ 在命令窗口中直接输入矩阵

◊ 通过函数或语句产生矩阵

◊ 在M文件中建立矩阵

◊ 从外部文件中读入矩阵

在命令窗口中直接输入矩阵最为简单,适合于创建比较小的矩阵。当创建矩阵时,它的大小不需要预先定义,并以"[ ]"为标识符号。矩阵的所有元素必

须都在括号内,矩阵同行元素之间由空格或逗号分隔,行与行之间用分号或回车键分隔。如果“[ ]”中没有元素,则表示此矩阵为空矩阵。

【例 1.5】 在命令窗口中输入矩阵。

解:在命令窗口中输入下面的命令,并按回车键确认

```
>> martrix=[2,2,2;4,4,4;6,6,6]
martrix=
    2    2    2
    4    4    4
    6    6    6
```

【例 1.6】 从外部文件中读入矩阵。

首先在记事本中建立以下文件,并以 data. txt 保存在 work 文件夹中

```
2    2    2
4    4    4
6    6    6
```

在 Matlab 命令窗口中输入:

```
 >> load data. txt
 >> data
    data=
          2    2    2
          4    4    4
          6    6    6
```

(2)矩阵的数值运算

· 矩阵与常数的四则运算

矩阵与常数的运算即是同该矩阵的每一元素进行运算。矩阵的加、减、乘运算符分别为“+,—,*”,用法与数字运算几乎相同,但计算时要满足其数学要求。当进行数除时,常数通常只能做除数。

【例 1.7】 矩阵与常数的乘除运算。

解:在命令窗口中输入下面的命令,并按回车键确认

```
>> martrix=[2,2,2;4,4,4;6,6,6]
martrix=
    2    2    2
    4    4    4
    6    6    6
```

```
>> N1=martrix*10
N1=
    20    20    20
    40    40    40
    60    60    60
>> N2=martrix/2
N2=
    1    1    1
    2    2    2
    3    3    3
```

·矩阵与矩阵的四则运算

矩阵之间的加(减)法运算是指矩阵各元素之间的加(减)法运算，此时，矩阵必须具有相同的阶数。对于矩阵的乘法，只有当第一个矩阵的列数与第二个矩阵的行数相等时，两个矩阵相乘才有意义。而在 Matlab 7.0 中，矩阵的除法分为左除和右除，分别用符号"/"和"\"表示。一般来说，X=A\B 表示 A*X=B 的解，而 X=B\A 表示 X*A=B 的解。

【例 1.8】 矩阵与矩阵的乘法运算。

解:在命令窗口中输入下面的命令，并按回车键确认

```
>>A=[2,4,2;4,6,4]
A=
    2    4    2
    4    6    4
>> B=[1,3;5,7;2,4]
B=
    1  3
    5  7
    2  4
>> X=A*B
X=
    26    42
    42    70
```

·矩阵的逆运算

在 Matlab 7.0 中，以函数 inv 来实现矩阵的逆运算。

【例 1.9】 矩阵的逆运算。

解:在命令窗口中输入下面的命令,并按回车键确认

```
>> A=[2,0,0;4,4,0;6,6,6]
A=
    2    0    0
    4    4    0
    6    6    6
>> B=inv(A)
B=
    0.5000         0         0
   -0.5000    0.2500         0
         0   -0.2500    0.1667
```

3. 单元数组

在 Matlab 7.0 中,数组和矩阵在形式上很相似,但他们遵循不同的计算规则。下面重点介绍数组的排序、数组的基本数值运算以及数组的关系运算。

(1)数组的排序

实际中,通常需要对数组元素进行排序,在 Matlab 7.0 中,使用函数 sort 来对数组排序。设一数组 X,若 X 为多维数组,命令 sort(X)将对 X 中的元素按升序排列;若 X 为一个字符型单元数组,则将对 X 中的元素按 ASCII 码进行升序排列;若 X 的数据类型为复数,命令 sort(X)将按各元素的模 abs (X) 排序。另外,我们还可以通过命令 sort (X, DIM)指定排序的维。

【例 1.10】 数组的排序。

解:在命令窗口中输入下面的命令,并按回车键确认

```
>> A=[2 8 4
      5 9 1
      2 7 3]
A=
    2    8    4
    5    9    1
    2    7    3
>> B=sort(A,2)
B=
    2    4    8
```

```
    1     5     9
    2     3     7
>> B=sort(A,1)
B=
    2     7     1
    2     8     3
    5     9     4
```

(2)数组的四则运算

数组的运算是针对数组内部的每个元素进行的。数组的加、减运算与矩阵的加、减运算完全相同,而乘除运算有相当大的区别。数组的乘除法是指两同维数组对应元素之间的乘除,它们的运算符分别为“. *”和“./”或“.\”。前面提到过常数与矩阵的除法运算中常数只能做除数,而数组与常数之间的除法运算没有任何限制。值得注意的是“./”和“.\”的计算结果完全不一样。另外,矩阵的数组运算中还有幂运算(.^)、指数运算(exp)、对数运算(log)和开方运算(sqrt)等。

【例 1.11】 数组的除法运算。

解:在命令窗口中输入下面的命令,并按回车键确认

```
>> A=[2 16 34 2]
A=
    2    16    34     2
>> B=[4 2 17 8]
B=
    4     2    17     8
>> C=A./B
C=
    0.5000    8.0000    2.0000    0.2500
>> D=A.\B
D=
    2.0000    0.1250    0.5000    4.0000
```

(3)数组的关系运算

数组的关系运算也是针对数组内部的每个元素进行的。在 Matlab 7.0 中,两个数组可以进行 6 种关系的运算:小于<、大于>、小于等于<=、大于等于>=、等于==和不等于~=。比较两个元素的大小时,如果结果为 1,则表明关系式成立;如果结果为 0,则表示关系式不成立。

【例 1.12】 数组的关系运算。

解：在命令窗口中输入下面的命令，并按回车键确认

```
>> A=[3 8 37 94]
A=
    3     8     37     94
>> B=(A./3>=12)
B=
    0     0     1     1
```

4. 结构型数据

结构型变量是一种可以将不同类型数据组合在一起的数据类型。有两种方法可以产生结构型变量，一种是在命令窗口中直接输入，另一种是使用 struct 函数生成。

在命令窗口直接输入时，在给结构体成员元素直接赋值的同时定义该元素的名称，同时，使用"."将结构型变量名和成员元素名连接。

【例 1.13】 直接产生结构型变量。

解：下面的语句可以建立职工的基本资料数据库。

```
>> worker.name='Zhang San';
>> worker.gender='Male';
>> worker.age='35';
>> worker.num='2005036';
>> worker
```

输入 worker，在命令窗口可以输出如下 worker 的内容

```
worker=
      name: 'Zhang San'
    gender: 'Male'
       age: '35'
       num: '2005036'
```

若要增加其他职工的资料，可以通过下列语句进行添加

```
>> worker(2).name='Li Hong';
>> worker(2).gender='Female';
>> worker(2).age='26';
>> worker(2).num='2007012';
```

系统将默认之前的资料为 worker(1)，若此时输入 worker，将只得到结构

的成员变量，而没有具体的内容

```
>> worker
worker=
1x2 struct array with fields:
    name
    gender
    age
    num
```

若要查看职工的具体资料，可以如下操作

```
>> worker(1)
ans=
      name: 'Zhang San'
    gender: 'Male'
       age: '35'
       num: '2005036'
>> worker(2)
ans=
      name: 'Li Hong'
    gender: 'Female'
       age: '26'
       num: '2007012'
```

通过 struct 函数同样也可以生成一个结构型变量，具体使用方法为 struct_array=struct('field',v1,'field2',v2…)。其中，field 为各成员变量名，v1，v2…为对应的各成员变量的内容。

【例 1.14】 使用 struct 函数产生结构型变量。

解：在命令窗口中输入下面的命令，并按回车键确认

```
>> struct_array=struct('name',{{'ZhangSan','LiHong'}},'age',
[35,26])
struct_array=
    name: {'ZhangSan' 'LiHong'}
     age: [35 26]
```

1.3.3.4 程序控制语句

同其他的程序设计语言一样，Matlab 7.0 也提供了丰富的程序控制语句，

以实现具体的程序设计。在 M 文件中，通过对程序控制语句的组合使用，可以实现多种复杂功能。虽然在命令窗口中也可以使用流程控制语句，但是由于命令窗口中交互式的执行方式，使得这样的操作极为不方便。Matlab 主要提供了两类程序控制语句，包括循环语句和条件转移语句。

1. 循环语句

Matlab 提供了两种循环方式，即 for 循环和 while 循环，下面分别予以介绍。

(1)for 循环语句

for 循环语句是程序控制语句中的基础，使用该循环语句可以以指定的次数重复执行循环体内的语句。其调用格式为

```
for 循环控制变量=〈循环次数设定〉
    循环体
end
```

循环次数设定是一个向量，形如〈初始值〉:〈步长〉:〈终值〉。初始值为循环变量的初始设定值，每执行循环体一次，循环控制变量将增加步长大小，直至循环控制变量的值大于终值时循环结束。初始值、步长和终值可以是整数、小数或者负数。

【例 1.15】 for 循环的使用。

解:在命令窗口中输入下面的命令，并按回车键确认

```
>> for i=10:-1:1
x(i)=i-2;
end
>> x
x=
   -1    0    1    2    3    4    5    6    7    8
```

for 循环可以嵌套使用，用户可以使用它实现更复杂的功能。

【例 1.16】 for 循环的嵌套使用。

解:新建一个 M 文件，输入程序如下，并将文件以 product. m 保存在 work 文件夹下。

```
% 该程序用于输出 1-5 的乘法表
for m=1:5
for n=1:5
str=[num2str(m),'*',num2str(n),'=',num2str(m*n)];
prod{n,m}=str;
```

```
end
end
eval('prod(:,1:5)')
```

输出结果为

```
'1*1=1'   '2*1=2'   '3*1=3'   '4*1=4'   '5*1=5'
'1*2=2'   '2*2=4'   '3*2=6'   '4*2=8'   '5*2=10'
'1*3=3'   '2*3=6'   '3*3=9'   '4*3=12'  '5*3=15'
'1*4=4'   '2*4=8'   '3*4=12'  '4*4=16'  '5*4=20'
'1*5=5'   '2*5=10'  '3*5=15'  '4*5=20'  '5*5=25'
```

(2)while 循环语句

for 循环以条件的满足与否来判断循环是否结束，而 while 循环则是以执行次数是否达到指定值进行判断。其调用格式为

while〈循环判断语句〉

    循环体

end

其中循环判断语句为某种形式的逻辑判断表达式，若表达式的值为真，就执行循环体内的语句；若逻辑值为假，就退出当前循环体。

【例 1.17】 while 循环的使用。

解：新建一个 M 文件，输入程序如下，并将文件以 example. m 保存在 work 文件夹下。

```
sum=0;
x=1;
while(1+x)>1.2
    x=x/2;
    sum=sum+1;
end
fprintf('The number of sum is %d.\n',sum);
```

在命令窗口输入 example，得到下列结果

```
>> example
The number of sum is 3.
```

在 while 循环语句中，循环体内必须有可以修改循环控制变量的命令，否则该程序将陷入无限循环中，除非语句中有控制退出循环的命令，如 break 语句。当程序流程运行至该命令时，不论循环控制变量是否满足，循环判断语句

均将退出当前循环，执行循环后的其他语句。

【例 1.18】 break 语句的使用。

解：将例 1.16 做少许修改，并将文件以 example1.m 保存在 work 文件夹下。

```
sum=0;
x=1;
while(1+x)>1.2
    if x==0.5
        break;
    end
    sum=sum+1;
    x=x/2;
end
fprintf('The number of sum is %d.\n',sum);
>> example1
The number of sum is 1.
```

由此可见，虽然循环控制变量仍然满足判断语句，但是循环被提前终止。

2. 条件转移语句

条件转移语句也是程序控制语句之一，这种语句可以选择执行指定的命令，Matlab 7.0 中的条件转移语句是 if-else-end 语句和 switch-case 语句。

(1)if-else-end 语句

if-else-end 语句的调用形式为

```
if〈逻辑判断语句〉
    逻辑值为"真"时执行的语句
else
    逻辑值为"假"时执行的语句
end
```

当逻辑判断语句为“真”时，将执行 if 与 else 语句间的命令，否则将执行 else 与 end 语句间的命令。

【例 1.19】 if-else-end 语句的使用。

解：新建一个 M 文件，输入程序如下，并将文件以 example2.m 保存在 work 文件夹下。

```
n=10;
```

```
for i=1:2:10
    n=n-i;
    if n>5
        fprintf('The number %d is great than 5.\n',n);
    else
        fprintf('The number %d is no more than 5. \n',n);
    end
end
```

在命令窗口输入 example2,得到下列结果

```
>> example2
The number 9 is great than 5.
The number 6 is great than 5.
The number 1 is no more than 5.
The number-6 is no more than 5.
The number-15 is no more than 5.
```

if-else-end 语句中的 else 子句是可选项,语句中可以不包括 else 子句的条件判断。在程序设计中,经常碰到需要进行多重逻辑选择的问题,这时可采用 if-else-end 语句的嵌套形式

```
if〈判断语句 1〉
  判断语句 1 为真时的执行语句 1
elseif〈判断语句 2〉
  判断语句 2 为真时的执行语句 2
elseif〈判断语句 3〉
  ……
else
  当以上所有的判断语句都为假时的执行语句
end
```

在上列各层逻辑判断中,若其中任意一层逻辑判断为真,则将执行对应的执行语句,并跳出该条件判断语句,其后的逻辑判断语句将不被执行。

(2)switch-case 语句

switch-case 语句又叫分支语句,if-else-end 语句所对应的是多重判断选择,而有时也会遇到多分支判断的问题。switch-case 语句的一般调用格式为

switch〈选择判断量〉

```
    case  选择判断值 1
          执行语句 1
    case  选择判断值 2
          执行语句 2
          ……
otherwise
    判断执行语句
end
```

在上列语句中,若其中某个选择判断值和选择判断量相匹配时,系统将执行其后的语句;若所有的选择判断值和选择判断量都不匹配,系统将执行 otherwise 后的执行语句。

【例 1.20】 switch-case 语句的使用。

解:新建一个 M 文件,输入程序如下,并将文件以 example3. m 保存在 work 文件夹下。

```
x=3;
y=5;
switch (x)
  case   0
        y=y+1;
        fprintf('The number y is %.d',y);
  case  1
        y=y+3;
        fprintf('The number y is %.d',y);
  case  2
        y=y+5;
        fprintf('The number y is %.d',y);
  otherwise
        fprintf('The number y has not been changed');
end
```

在命令窗口输入 example3,得到下列结果

```
>> example3
The number y has not been changed
```

1.4 实验小结

本实验项目主要介绍了两方面的内容：一是有关 Matlab 软件的基本入门知识，包括 Matlab 的安装、启动与退出，Matlab 的工具栏和命令窗口等；二是关于 Matlab 的编程基础知识，包括 M 文件的建立和分类，Matlab 的变量和基本语句等。

1.5 练习实验

1. 在安装 Matlab7.0 时，尝试有选择地安装各种组件。

2. 编制一函数，要求任意输入两个数值后，用三个子函数分别求出它们的和、它们的绝对值之和、它们的绝对值之差，再将分别求得的结果相乘。

3. 编制一个程序，使用循环语句计算 $y(x)=\begin{cases}-2x^2+6(x>0)\\ 2x^2+6(x\leqslant 0)\end{cases}$ 的值，其中 x 的值为 -10 到 10 之间，以 0.5 为步长。

项目 2

概率密度的计算及随机模拟

2.1 实验目的

自然界中随机现象是大量存在的，如果同类的随机现象大量重复出现，它的总体就呈现出一定的规律性，大量同类随机现象所呈现出来的集体规律性，叫做统计规律性。概率论和数理统计就是研究大量同类随机现象的统计规律性的数学学科。本实验项目旨在使学生利用 Matlab7.0 的工具箱产生服从常见分布的随机数并随机模拟样本均值的抽样分布。包括二项分布、正态分布、指数分布和泊松分布的随机数据的产生，样本均值抽样分布的随机模拟和次序统计量抽样分布的随机模拟。

2.2 实验原理

1. 概率密度计算原理

对于离散型概率分布和连续型概率分布，二者的概率密度函数定义有所不同。对于连续型概率密度函数，函数具有以下性质：

(1) $f(x)\geqslant 0$

(2) $\int_{-\infty}^{\infty} f(x)\mathrm{dx}=1$

(3) $P\{x_1\leqslant X\leqslant x_2\}=F(x_2)-F(x_1)=\int_{x_1}^{x_2} f(x)\mathrm{dx},(x_1\leqslant x_2)$

(4) 若 $f(x)$ 在点 x 处连续，则有 $F'(x)=f(x)$

对于离散型概率分布，设离散型随机变量 X 所有可能取的值为 $x_k(k=1,$

$2,\cdots$)，X 取各个可能值的概率，即事件$\{X=x_k\}$的概率为

$$P\{X=x_k\}=p_k, \quad k=1,2,\cdots$$

p_k 称为分布律，具有以下性质：

(1)$p_k \geqslant 0, k=1,2,\cdots$

(2)$\sum_{k=1}^{\infty} p_k = 1$

2. 随机数生成原理

生成给定分布的随机数，需要首先生成服从均匀分布的随机数。常用的生成均匀分布随机数的方法是同余法，其递推公式为

$$x_i=(ax_{i-1}+c)\operatorname{mod} m$$

给定初值 x_0 后，可迭代出均匀随机数 $x_1, x_2, \cdots x_n$。对它们进行标准化(使随机数介于 0 和 1 之间)或极性标准化(使随机数介于 -1 和 1 之间)，即可得到均匀分布的随机数。

获得均匀分布的随机数后，可以用多种方法构造该随机数的随机变量。常用的方法是反函数法，即利用随机变量 x 的分布函数 $F(x)$的反函数 $F^{-1}(x)$来推求随机变量。基本算法步骤是：

(1)产生均匀分布随机数 r；

(2)令 $x=F^{-1}(x)$，然后返回。

下面结合正态分布随机变量的生成进行具体介绍。正态分布函数为

$$F(x)=\frac{1}{\sqrt{2\pi}\sigma}\int_{-\infty}^{x}\exp\left[-\frac{1}{2}\left(\frac{x-\mu}{\sigma}\right)^2\right]\mathrm{dx}$$

$F(x)$为非可积函数，由中心极限定理，有

$$\frac{x-\mu}{\sigma}=\sqrt{\frac{12}{n}\left(\sum_{i=1}^{n}r_i-\frac{n}{2}\right)}$$

当 $n=12$ 时，可达到较好精度，故

$$x=\sigma\sqrt{\sum_{i=1}^{12}r_i-6}+\mu$$

该 x 就是基于均匀分布随机数 r_i 的服从正态分布的随机数。

2.3　实验过程

2.3.1　随机变量的概率密度计算

2.3.1.1　通用函数计算概率密度函数值

利用函数 pdf 计算随机变量的概率密度，其调用格式分别为

Y＝pdf(name,K,A)

Y＝pdf(name,K,A,B)

Y＝pdf(name,K,A,B,C)

该函数表示计算分布函数为 name、变量 X 值为 K、参数为 A、B、C 的概率密度值，对于不同的分布，参数个数是不同的，其取值如表 3.1

表 3.1　常见分布函数表

name 的取值	函数说明	name 的取值	函数说明
'beta'或'Beta'	Beta 分布	'ncf'或'Noncentral F'	非中心 F 分布
'bino'或'Binomial'	二项分布	'nct'或'Noncentral t'	非中心 t 分布
'chi2'或'Chisquare'	卡方分布	'ncx2'或'Noncentral Chi-square'	非中心卡方分布
'exp'或'Exponential'	指数分布	'norm'或'Normal'	正态分布
'f'或'F'	F 分布	'poiss'或'Poisson'	泊松分布
'gam'或'Gamma'	GAMMA 分布	'rayl'或'Rayleigh'	瑞利分布
'geo'或'Geometric'	几何分布	't'或'T'	T 分布
'hyge'或'Hypergeometric'	超几何分布	'unif'或'Uniform'	均匀分布
'logn'或'Lognormal'	对数正态分布	'unid'或'Discrete Uniform'	离散均匀分布
'nbin'或'Negative Binomial'	负二项式分布	'weib'或'Weibull'	Weibull 分布

2.3.1.2　二项分布的概率值

利用函数 binopdf 计算随机变量的概率密度，其调用格式为

binopdf (k, n, p)

该调用格式等同于 pdf('bino',K,n,p)。其中，K 表示事件发生 K 次，n 表

示试验总次数,p 表示每次试验事件发生的概率。

【例 2.1】 一大批电子管中有 10%已损坏,若从这批电子管中随机地选取 20 只来组成一个线路,求这线路能正常工作(即所选的 20 个电子管全部是好的)的概率。

解:>> binopdf (20, 20,0.9)

ans=

0.1216

随机变量 X 的密度函数值为 0.1216,如图 2.1。

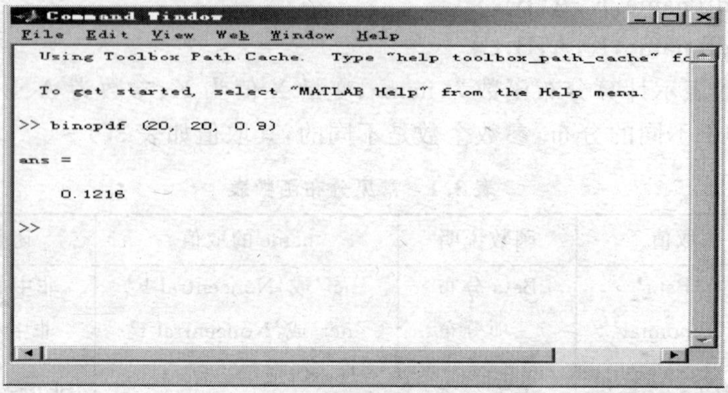

图 2.1 二项分布的概率值计算

2.3.1.3 泊松分布的概率值

利用函数 poisspdf 计算泊松分布的随机变量的概率密度,其调用格式为

poisspdf(k, Lambda)

该调用格式等同于 pdf('poiss',K,Lamda),参数 K 表示一区间里事件发生的次数,可以为任何非负整数;参数 Lamda 表示一个区间里事件发生的平均次数。

【例 2.2】 某航空公司的预订票处平均每小时接到 36 个电话,求 5 分钟内接到 2 个电话的概率。

解:>> poisspdf(2, 3)

ans=

0.2240

该结果表示 5 分钟内接到 2 个电话的概率为 0.2240。

2.3.1.4 指数分布的概率值

利用函数 exppdf 计算服从指数分布的随机变量的概率密度,其调用格式为

exppdf(x,mu)

参数 mu 表示一区间里事件发生两次的平均间隔时间。

【例 2.3】 某电子设备的使用寿命(小时)服从参数为 50 的指数分布，求设备在运行前 25 小时内损坏的概率。

解：＞＞ exppdf(25, 50)

ans＝

0.3935

该结果表示前 25 小时内设备损坏的概率为 0.3935。

2.3.1.5　正态分布的概率值

利用函数 normpdf 计算服从正态分布的随机变量的概率密度，其调用格式为

normpdf(K,mu,sigma)

该命令表示服从期望为 mu，方差为 sigma 的正态分布密度函数在 K 处的取值。

【例 2.4】 计算服从正态分布 $N(0,1)$ 的随机变量 X 在点 0.6578 的密度函数值。

解：＞＞ normpdf(0.6578,0,1)

ans＝

0.3213

随机变量 X 在点 0.6578 的密度函数值为 0.3213，操作过程如图 2.2。

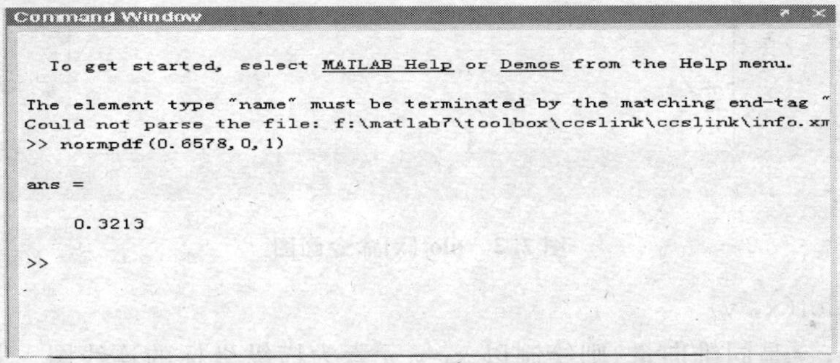

图 2.2　正态分布概率密度计算

2.3.2　常用分布密度函数作图

2.3.2.1　二维图形的绘制

二维图形的绘制是 Matlab 语言图形处理的基础，Matlab 最常用的画二维图形的命令是 plot，只要输入 plot(a,b)这个命令，就可以画出一个以 a 为 x

轴，b 为 y 轴的图形。

plot 的基本调用格式有三种：

1. plot(x)

若 x 为向量，则以 x 元素值为纵坐标，以相应元素下标为横坐标值绘制连线图。若 x 为实数阵，则按列绘制每列元素值相对其下标的连线图，图中曲线等于 x 阵的列数；若 x 为复数阵，则分别以 x 实部阵和虚部阵的对应列元素为横纵坐标绘制多条连线图。

【例 2.5】 用语句 plot(x)绘制图形。

解：>> y=[0 0.58 0.70 0.95 0.83 0.25]

>> plot(y)

生成的图形见图 2.3，是以序号 1，2，…，6 为横坐标，数组 y 的数值为纵坐标画出的折线。

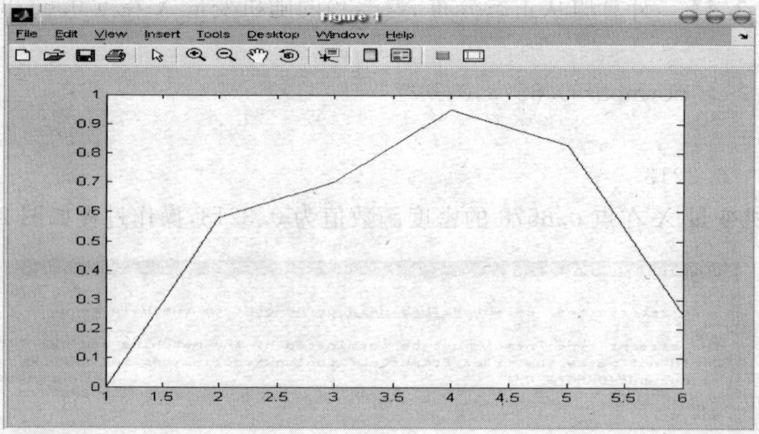

图 2.3 plot(x)命令画图

2. plot(x, y)

若 x，y 是同维向量，则绘制以 x，y 元素为横纵坐标的连线图。若 x 是向量，y 是一个与 x 等维的矩阵，则绘制出多根不同色彩的连线图，连线根数等于 y 阵的另一个维数。若 x，y 是等维矩阵，则以 x，y 对应列元素为横纵坐标分别绘制曲线，曲线的根数等于矩阵的行数。

【例 2.6】 绘制 y=sin(x)，x∈[0，2π]的图形。

解：>> x=linspace(0,2 * pi,30) %生成一组线性等距的数值

>> y=sin(x)

```
>> plot(x,y)
```

生成的图形见图 2.4,是[0,2π]上 30 个点连成的光滑的正弦曲线。

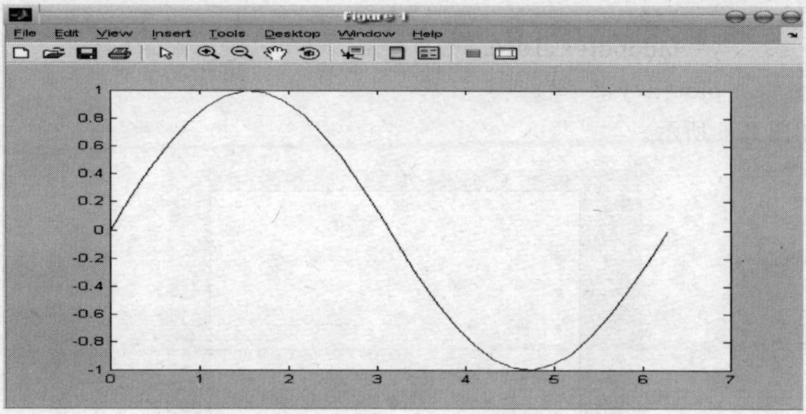

图 2.4　plot(x, y)命令画图

3. plot(x1, y1,x2, y2,…)

每个二元对(x,y)的作用与 plot(x, y)相同,不同二元对之间没有约束关系。

【例 2.7】　在同一图形中绘制 y=sin(x)和 y=cos(x),x∈[0,2π]的图形。

解:

```
>> x=0:pi/15:2*pi        % x的不同取值
>> y1=sin(x)
>> y2=cos(x)
>> plot(x,y1,x,y2)
```

生成的图形见图 2.5。

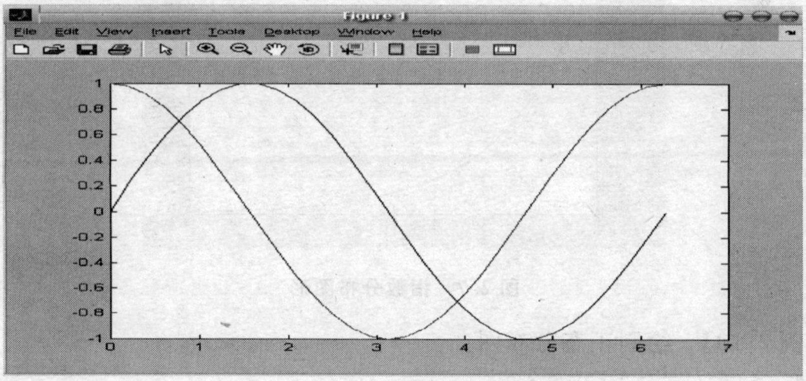

图 2.5　plot(x1, y1,x2, y2)命令画图

2.3.2.2 常见分布作图

【例 2.8】 绘制二项分布图。

解：>>x=0:10

>>y=binopdf(x,10,0.5)

>>plot(x,y,'+')

如图 2.6 所示。

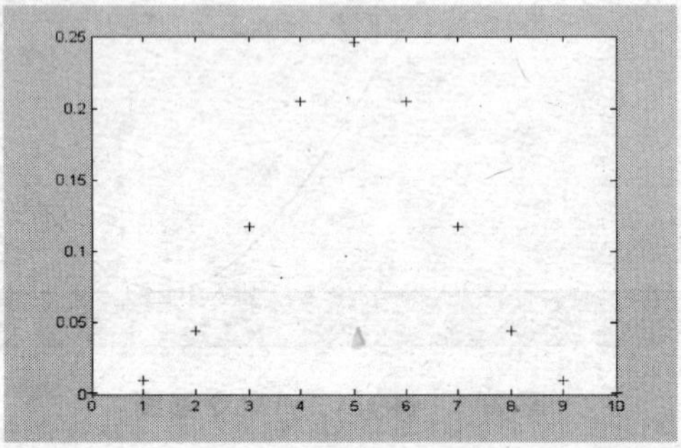

图 2.6 二项分布图形

【例 2.9】 绘制指数分布图。

解：>>x=0：0.1：10；

>>y=exppdf(x,2)；

>>plot(x,y)

如图 2.7 所示。

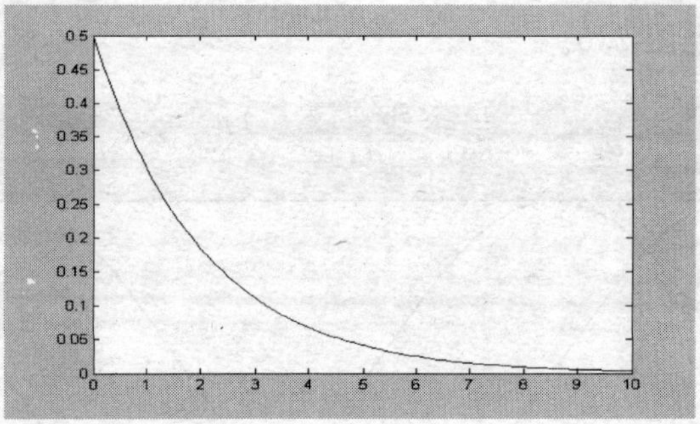

图 2.7 指数分布图形

【例 2.10】 绘制正态分布图。

解：>> x=−3：0.2：3

>> y=normpdf(x,0,1)

>> plot(x,y)

如图 2.8 所示。

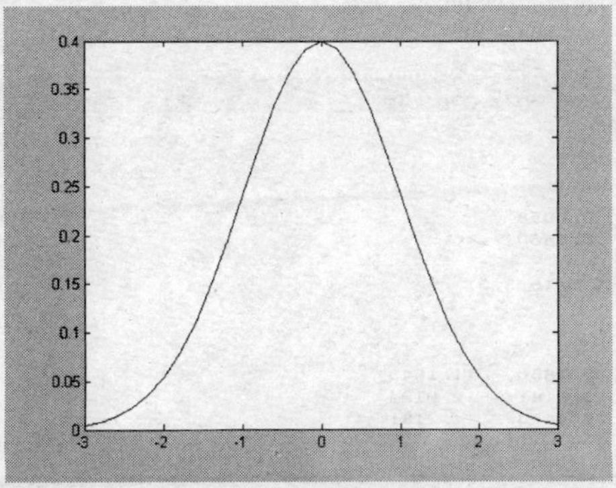

图 2.8 正态分布图

【例 2.11】 绘制泊松分布图。

解： >>x=0:15;

>>y=poisspdf(x,5);

>>plot(x,y,'+').

如图 2.9 所示。

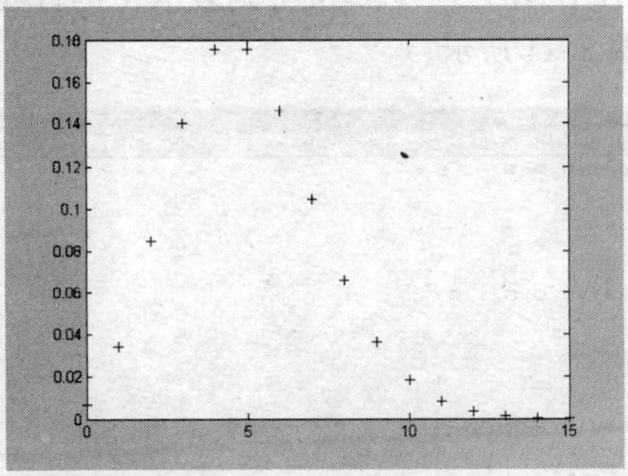

图 2.9 泊松分布图

2.3.3 常用分布随机数的产生

2.3.3.1 均匀分布随机数的产生

利用命令 R=rand (m, n)生成[0,1]上的均匀分布随机数，其中 m,n 分别表示 R 的行数和列数。也可以利用函数 unifrnd 产生参数为 a,b 的均匀分布随机数据，其调用格式为 R＝unifrnd (a,b,m,n)，m 和 n 同样表示 R 的行数和列数。具体操作如下图 2.10 所示。

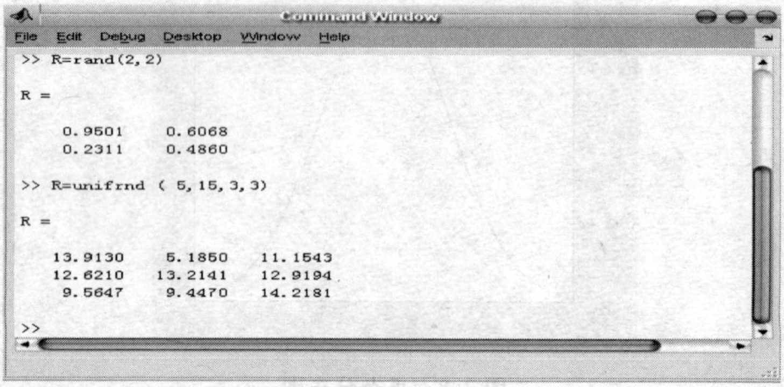

图 2.10 均匀分布随机数产生

2.3.3.2 二项分布随机数的产生

利用函数 binornd 产生参数为 N,P 的二项分布随机数据，其调用格式分别为

R＝binornd(N,P)　　%生成服从参数为 N、P 的二项分布随机数

R＝binornd(N,P,m)　　%m 为指定随机数的个数，与 R 同维数

R＝binornd(N,P,m,n)　　%m,n 分别表示 R 的行数和列数

具体操作如下图 2.11 所示。

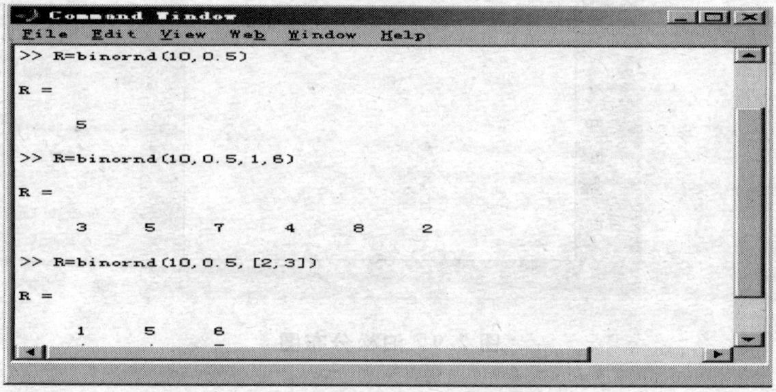

图 2.11 二项分布的随机数产生

2.3.3.3 正态分布随机数的产生

利用函数 normrnd 产生正态分布的随机数据，其调用格式为 R＝normrnd

(MU,SIGMA)。此函数可以生成均值为 μ,标准差为 σ 的正态分布随机数据,R 可以是向量或矩阵。也可以用函数 R＝normrnd(MU,SIGMA,m),其中 m 表随机数的个数,为 1×2 的向量,并与 R 同维数。还可以根据函数 R＝normrnd(MU,SIGMA,m,n)来产生随机数,其中 m,n 分别表示 R 的行数和列数,具体操作如图 2.12 所示。

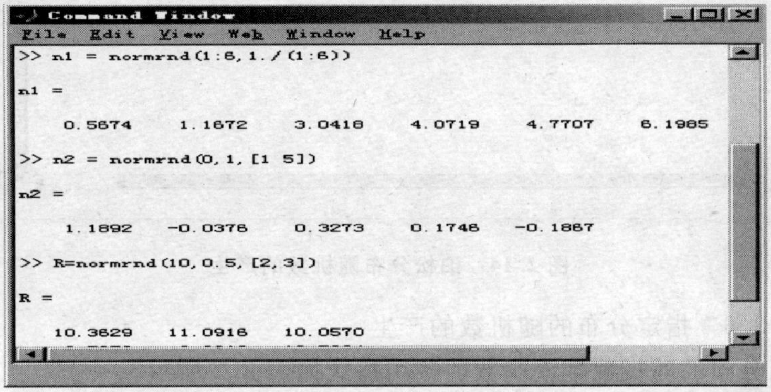

图 2.12　正态分布随机数的产生

2.3.3.4　指数分布随机数的产生

利用函数 exprnd 产生参数为 λ 的指数分布随机数据,其调用格式为 R＝exprnd(Lambda) 或 R＝exprnd(Lambda,m,n),其中 m,n 分别表示 R 的行数和列数,具体操作如图 2.13 所示。

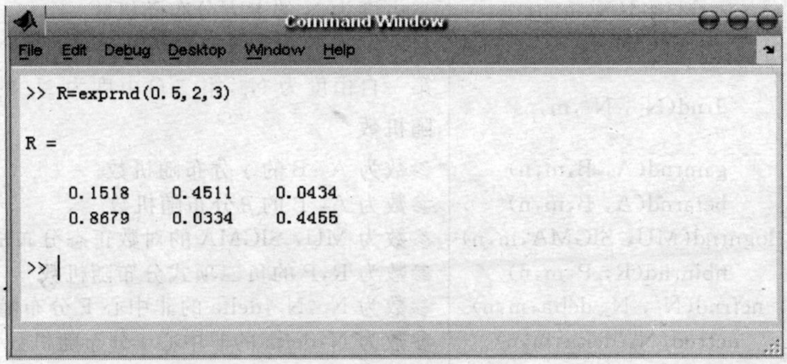

图 2.13　指数分布随机数的产生

2.3.3.5　泊松分布随机数的产生

统计工具箱中产生泊松分布随机数的函数为 poissrnd,其调用格式为 R＝poissrnd (Lambda) 或 R＝poissrnd (Lambda,m,n)。其中,Lambda 为参数,

m,n 分别表示 R 的行数和列数。具体操作如图 2.14 所示。

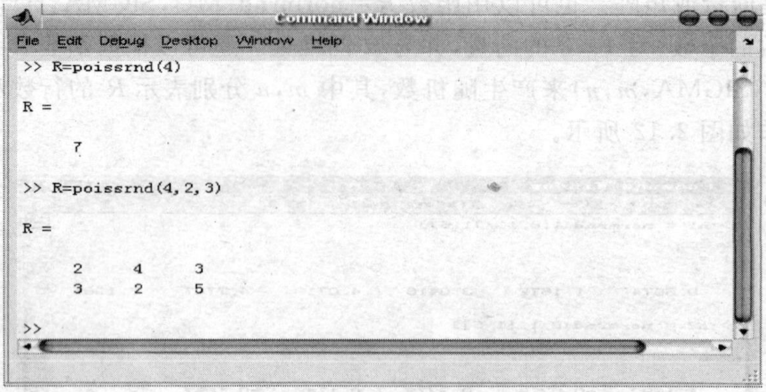

图 2.14　泊松分布随机数的产生

2.3.3.6　指定分布的随机数的产生

常见分布的随机数生成函数的调用格式如表 2.2 所示。

表 2.2　随机数产生函数表

函数名	调用形式	注　释
Unifrnd	unifrnd（A,B,m,n)	[A,B]上均匀分布(连续）随机数
Unidrnd	unidrnd(N,m,n)	均匀分布(离散)随机数
Exprnd	exprnd(Lambda,m,n)	参数为 Lambda 的指数分布随机数
Normrnd	normrnd(MU,SIGMA,m,n)	参数为 MU,SIGMA 的正态分布随机数
chi2rnd	chi2rnd(N,m,n)	自由度为 N 的卡方分布随机数
Trnd	trnd(N,m,n)	自由度为 N 的 t 分布随机数
Frnd	frnd(N_1，N_2,m,n)	第一自由度为 N_1,第二自由度为 N_2 的 F 分布随机数
gamrnd	gamrnd(A，B,m,n)	参数为 A，B 的 γ 分布随机数
betarnd	betarnd(A，B,m,n)	参数为 A，B 的 β 分布随机数
lognrnd	lognrnd(MU，SIGMA,m,n)	参数为 MU，SIGMA 的对数正态分布随机数
nbinrnd	nbinrnd(R，P,m,n)	参数为 R,P 的负二项式分布随机数
ncfrnd	ncfrnd(N_1，N_2,delta,m,n)	参数为 N_1,N_2,delta 的非中心 F 分布随机数
nctrnd	nctrnd(N，delta,m,n)	参数为 N,delta 的非中心 t 分布随机数
raylrnd	raylrnd(B,m,n)	参数为 B 的瑞利分布随机数
weibrnd	weibrnd(A，B,m,n)	参数为 A，B 的韦伯分布随机数
binornd	binornd(N,P,m,n)	参数为 N，p 的二项分布随机数
geornd	geornd(P,m,n)	参数为 p 的几何分布随机数
hygernd	hygernd(M,K,N,m,n)	参数为 M,K,N 的超几何分布随机数
Poissrnd	poissrnd(Lambda,m,n)	参数为 Lambda 的泊松分布随机数

利用函数 random 可以求指定分布的随机数，其调用格式为 y=random('name',A1,A2,A3,m,n)。其中，name 的取值见表 2.2；A1，A2，A3 为分布的参数；m，n 为指定随机数的行和列

【例 2.12】 产生 12 个(3 行 4 列)均值为 2，标准差为 0.3 的正态分布随机数。

解：>> y=random('norm',2,0.3,3,4)

y=

1.8702	2.0863	2.3567	2.0524
1.5003	1.6561	1.9887	1.9440
2.0376	2.3573	2.0982	2.2177

如图 2.15。

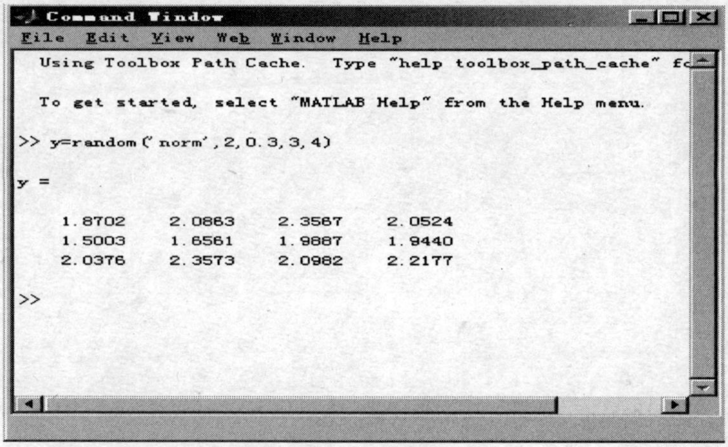

图 2.15 指定分布的随机数产生

2.4 实验小结

本实验项目主要介绍了两方面的内容：概率密度的计算和随机模拟。针对常见的离散型概率分布和连续型概率分布分别介绍了它们的概率密度的计算，并提供了一般分布参数的概率密度的计算方法。同时，介绍了服从常见分布的随机数的产生。

2.5 练习实验

1. 某电话交换台在一般情况下，一小时内平均接到电话呼叫 60 次，已知电话呼叫次数 X 服从泊松分布，求在一般情况下，30 秒内接到电话呼叫次数恰好为一次的概率？

2. 试产生服从几何分布的随机数。

3. 完成某一大学课程期末考试所需时间呈正态分布，均值为 80 分钟，标准差为 10 分钟。试问：在 1 小时或更少时间完成考试的概率是多大？一名学生在超过 60 分钟但少于 75 分钟内完成考试的概率多大？

项目 3

参数估计

3.1 实验目的

参数的统计推断是最常见的统计推断问题之一，即总体分布已知，而参数未知。此时，未知参数的推断通常是总体推断的出发点。参数估计的内容包括点估计和区间估计，点估计是用单个数值作为参数的估计，常用的方法有矩法和最大似然法，而区间估计不仅给出参数的近似值，还给出该取值的误差范围。本实验项目旨在使学生利用 Matlab 7.0 的工具箱进行参数估计，包括二项分布、正态分布等分布中总体均值的矩估计、极大似然估计、总体参数的区间估计等。

3.2 实验原理

1. 点估计

设 X 为总体，若 X 为连续型随机变量，则其密度函数为 $f(x;\theta_1,\theta_2,\cdots,\theta_k)$；若 X 为离散型随机变量，X 有概率分布 $P(X=x_i,\theta_1,\theta_2,\cdots,\theta_k)$，$i=1,2,\cdots$，这里的 $\theta_1,\theta_2,\cdots,\theta_k$ 为未知参数。例如对正态总体 $X\sim N(\mu,\sigma^2)$，μ 和 σ^2 为未知参数，它的密度函数为

$$f(x;\mu,\sigma^2)=\frac{1}{\sqrt{2\pi}\sigma}e^{-\frac{(x-\mu)^2}{2\sigma^2}},\ -\infty<x<+\infty$$

若总体 X 服从二项分布 $B(n,p)$，由于 n 为试验次数，是已知的，因此 X 的分布中只有 p 为未知参数，其概率分布为

$$P(x=k)=C_n^k p^k (1-p)^{n-k}, k=0,1,\cdots n$$

如何估计未知参数呢？以 $X \sim N(\mu, \sigma^2)$ 为例，为了估计 μ，首先必须从 X 中抽取样本 $X_1, X_2, \cdots X_n$。根据大数定律，当 n 很大时，$\overline{X}=\frac{1}{n}\sum_{i=1}^{n} X_i$ 以很大的概率与 $\mu=EX$ 充分接近，因此，很自然地可以把样本均值 $\overline{X}$ 作为总体均值 μ 的估计量。

设 $X_1, X_2, \cdots, X_n$ 是来自总体 X 的样本，点估计问题就是要构造统计量 $T_i(X_1, X_2, \cdots, X_n)$ 作为参数 $\theta_i (i=1,2,\cdots,k)$ 的估计，称这一统计量为 θ_i 的一个估计量。若 $x_1, x_2, \cdots, x_n$ 是 $X_1, X_2, \cdots, X_n$ 的一组观察值，则代入 T_i 得到具体的数值 $T_i(x_1, x_2, \cdots, x_n)$，称它为 θ_i 的估计值。因此，为了估计未知参数，必须先构造合适的统计量，最常用的构造统计量的方法有两种：矩估计法和最大似然估计法。

(1)矩估计法

某些情况下，待估参数往往是总体的原点矩或原点矩的函数，此时可以用取自该总体的样本的原点矩或样本原点矩的函数值作为待估参数的估计，这种方法称为矩估计法。例如，样本均值总是总体均值的矩估计量，样本方差总是总体方差的矩估计量，样本标准差总是总体标准差的矩估计量。

对于连续型随机变量 X，它的 m 阶原点矩为

$$\alpha^{(m)}(\theta_1, \theta_2, \cdots, \theta_k)=E(X^m)=\int_{-\infty}^{+\infty} x^m f(x;\theta_1, \theta_2, \cdots, \theta_k)\,\mathrm{d}x$$

若 X 为离散型随机变量，则

$$\alpha^{(m)}(\theta_1, \theta_2, \cdots, \theta_k)=E(X^m)=\sum_{i=1}^{\infty} x_i^m P(X=x_i;\theta_1, \theta_2, \cdots, \theta_k)$$

对于样本 $(X_1, X_2, \cdots, X_n)$，其 m 阶样本原点矩为

$$\alpha_m=\frac{1}{n}\sum_{i=1}^{n} X_i^m$$

用样本矩作为总体矩的估计，即令

$$\alpha^{(m)}(\theta_1, \theta_2, \cdots, \theta_k)=\alpha_m=\frac{1}{n}\sum_{i=1}^{n} X_i^m, \quad m=1,2,\cdots,k$$

解这一含 k 个未知参数 $\theta_1, \theta_2, \cdots, \theta_k$ 的方程组，其解称为 $\theta_1, \theta_2, \cdots, \theta_k$ 的矩估计。

$$\hat{\theta}_i=\hat{\theta}_i(X_1,X_2,\cdots,X_n),\quad i=1,2,\cdots,k$$

(2)最大似然估计法

最大似然估计法是在待估参数的可能取值范围内进行挑选,使似然函数值(即样本取固定观察值或样本取值落在固定观察值领域内的概率)最大的那个参数值即为最大似然估计值。一般地,若总体 X 具有概率密度 $f(x;\theta_1,\theta_2,\cdots,\theta_k)$,其中 $\theta_1,\theta_2,\cdots,\theta_k$ 为未知参数,又设 $(x_1,x_2,\cdots,x_n)$ 是样本的一组观察值,那么样本 $(X_1,X_2,\cdots,X_n)$ 落在点 $(x_1,x_2,\cdots,x_n)$ 的邻域内的概率为 $\prod_{i=1}^{n}f(x_i;\theta_1,\theta_2,\cdots,\theta_k)\mathrm{d}x_i$,它是 $\theta_1,\theta_2,\cdots,\theta_k$ 的函数。最大似然估计的思路是:既然在一次试验中得到了观察值 $(x_1,x_2,\cdots,x_n)$,那么样本落入该观察值邻域内这一事件应具有最大的可能性,所以应选取使这一概率达到最大的参数值作为参数真值的估计。

$$L(x;\theta)=L(x_1,x_2,\cdots,x_n;\theta_1,\theta_2,\cdots,\theta_k)=\prod_{i=1}^{n}f(x_i;\theta_1,\theta_2,\cdots,\theta_k)$$

我们称上式为似然函数。对于固定的 $(x_1,x_2,\cdots,x_n)$,记 $\theta=(\theta_1,\theta_2,\cdots,\theta_n)$,选取 $\hat{\theta}=(\hat{\theta}_1,\hat{\theta}_2,\cdots,\hat{\theta}_k)$,使得 $L(x;\hat{\theta})=\max\limits_{\theta}L(x;\theta)$,则称 $\hat{\theta}$ 为 θ 的一个最大似然估计值。

若总体 X 是离散型的,则似然函数为

$$L(x;\theta)=\prod_{i=1}^{n}P(X=x_i;\theta_1,\theta_2,\cdots,\theta_k)$$

其中 $P(X=x_i;\theta_1,\theta_2,\cdots,\theta_k)(i=1,2,\cdots,n)$ 为总体 X 的概率分布。

求 θ 的最大似然估计就是求似然函数 $L(x;\theta)$ 的最大值点的问题。若 $L(x;\theta)$ 对 $\theta_i(i=1,2,\cdots,k)$ 的偏导数存在,由微积分知识,最大似然估计 $\hat{\theta}$ 应满足方程组

$$\frac{\partial L}{\partial\theta_i}=0,\quad i=1,2,\cdots,k$$

称上式为似然方程组。由于在许多情况下,求 $\ln L(x;\theta)$ 的最大值点比较简单,而且 $\ln x$ 是 x 的严格增函数,因此在 $\ln L(x;\theta)$ 对 $\theta_i(i=1,2,\cdots,k)$ 的偏导数存在的情况下,$\hat{\theta}$ 可由

$$\frac{\partial \ln L}{\partial \theta_i}=0, \quad i=1,2,\cdots,k$$

求出，上式也称为对数似然方程组。解方程组，若 $\ln L(x;\theta)$ 的驻点唯一，且它是一个极大值点，则它必是 $\ln L(x;\theta)$ 的最大值点，此即为所求的最大似然估计。若驻点不唯一，则需进一步判断哪一个为最大值点。另外，若 $L(x;\theta)$ 对 θ_i $(i=1,2,\cdots,k)$ 的偏导数不存在，我们将无法得到似然方程组，这时必须根据最大似然估计的定义求 $L(x;\theta)$ 的最大值点。

2. 区间估计

利用点估计 $\hat{\theta}(X_1,X_2,\cdots,X_n)$ 来估计总体的未知参数 θ 时，一旦知道了样本观察值 $x_1,x_2,\cdots,x_n$，将它们代入估计式，即可得到 θ 的一个估计值。但是，点估计值只提供了 θ 的一个近似值，并没有反映这种近似的准确程度。同时，由于 θ 本身是未知的，我们也无法知道估计的误差大小。因此，我们希望估计出一个真实参数所在的范围，并希望能够知道这个范围以多大的概率包含参数真值，这就是参数的区间估计问题。求参数的区间估计，首先要求出该参数的点估计，然后构造一个含有该参数的随机变量，并根据一定的置信水平求该估计值的误差范围。

设 $X_1,X_2,\cdots,X_n$ 是来自总体 X 的样本，θ 为总体分布中的未知参数，$\hat{\theta}_1(X_1,X_2,\cdots,X_n)$ 和 $\hat{\theta}_2(X_1,X_2,\cdots,X_n)$ 为两个统计量，对给定的 α $(0<\alpha<1)$，若

$$P(\hat{\theta}_1<\theta<\hat{\theta}_2)=1-\alpha$$

则称 $(\hat{\theta}_1,\hat{\theta}_2)$ 为参数 θ 的置信度为 $1-\alpha$ 的置信区间，$\hat{\theta}_1$ 称为置信下限，$\hat{\theta}_2$ 称为置信上限，α 称为显著性水平。

置信度 $1-\alpha$ 表示区间估计的可靠度，置信度越接近于 1 越好。区间长度则表示估计的范围，即估计的精度，区间长度越短越好。在实际问题中，我们总是在保证可靠度的前提下，尽可能地提高精度。因此区间估计的问题，就是在给定 α 值的情况下，利用样本 $(X_1,X_2,\cdots,X_n)$ 去求两个估计量 $\hat{\theta}_1$ 和 $\hat{\theta}_2$ 的问题。

另外，置信区间 $(\hat{\theta}_1,\hat{\theta}_2)$ 是一个随机区间，对于给定的样本 $(X_1,X_2,\cdots,X_n)$，$(\hat{\theta}_1,\hat{\theta}_2)$ 可能包含未知参数 θ，也可能不包含 θ。但在重复抽样下，将得到许多不同的区间 $(\hat{\theta}_1(x_1,\cdots,x_n),\hat{\theta}_2(x_1,\cdots,x_n))$，根据贝努利大数定律，这些区间中大约有 $100(1-\alpha)\%$ 的区间包含未知参数 θ。

3.3　实验数据

本实验项目选取几组不同的数据进行相应的参数估计。

设一抛硬币实验进行了10组，每组实验了1000次，在各组实验中，国徽朝上的次数记录如表3.1所示。

表3.1　10组实验中硬币正面朝上的次数

实验组数	1	2	3	4	5	6	7	8	9	10
1000次抛掷中正面朝上的次数	562	559	489	503	510	492	610	519	498	521

分别使用金球和铂球测定引力常数，用金球和铂球测定观察值如表3.2所示。

表3.2　金球和铂球测定引力常数值

金球测定观察值	6.684	6.681	6.675	6.676	6.679	6.673
铂球测定观察值	6.661	6.663	6.664	6.667	6.664	6.665

某厂从一台机床生产的螺帽中随机抽取10个，测得直径(mm)如表3.3所示。

表3.3　螺帽直径的观察值

螺帽	1	2	3	4	5	6	7	8	9	10
直径	12.5	11.9	12.8	13.2	11.8	12.6	12.5	11.9	12.7	13.0

3.4　实验过程

3.4.1　参数的点估计

3.4.1.1　二项分布的参数估计

利用函数binofit对二项分布的参数进行估计，其调用格式为PHAT＝binofit(X, N)，其中N为已知的实验次数。

【例3.1】　根据表3.1中的数据，求1000次实验中，国徽朝上的概率估计值。

解：在命令窗口输入数据如下：

```
>> X=[562  559  489  503  510  492  610  519  498  521]
>> PHAT=binofit(X, 1000)
```

运行后结果显示如下

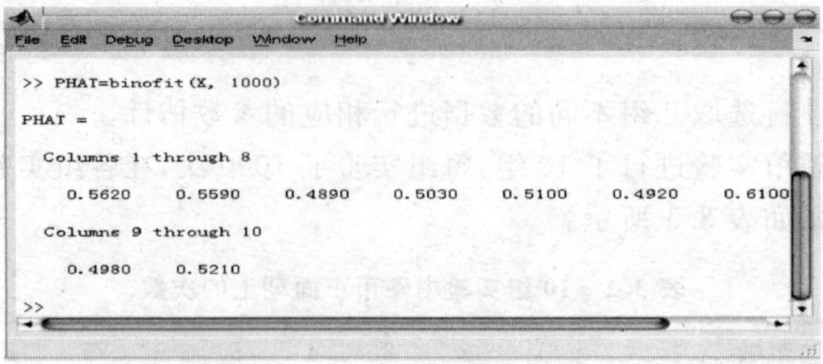

图 3.1 二项分布参数估计

3.4.1.2 泊松分布的参数估计

利用函数 poissfit 可以确定泊松分布数据的参数点估计，其调用格式为 Lambdahat＝poissfit(X)。

【例 3.2】 求泊松分布数据参数的点估计。

解：首先产生两列服从泊松分布的随机数据，然后进行参数估计，操作如下所示

```
>>R=poissrnd(5,10,2)              %产生参数值为 5 的两列随机数
>> Lambdahat=poissfit(R)          %泊松分布的参数估计
```

各列的 λ 值估计结果为

```
Lambdahat=
    4.9000    5.5000
```

运行后结果如图 3.2 所示

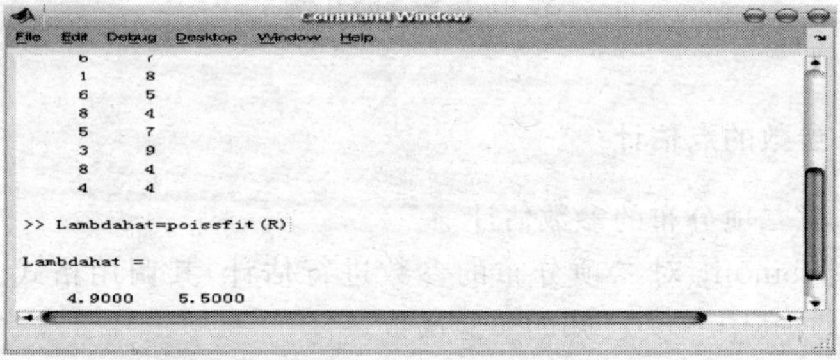

图 3.2 泊松分布参数估计

3.4.1.3 正态分布的参数估计

利用函数 normfit 对正态分布的参数进行估计，其调用格式为[muhat,

sigmahat]＝normfit(X)。其中 muhat，sigmahat 分别为正态分布的参数 μ 和 σ 的估计值。

【例 3.3】 有两组(每组 100 个元素)正态随机数据，其均值为 6，均方差为 1.5，求参数估计值。

解：首先产生两列正态随机数据，然后进行参数估计，操作如下所示

```
>>R=normrnd (6,1.5,100,2)        %产生均值为 6、方差为 1.5 的两列随机数
>>[mu,sigma]=normfit(R)          %正态分布的参数估计
```

各列的均值和方差的估计结果为

```
mu=
  6.719    5.8095
sigma=
  1.3028   1.4170
```

两列随机数的均值分别为 6.719 和 5.8095，它们的方差分别为 1.3028 和 1.4170。运行后结果如图 3.3 所示

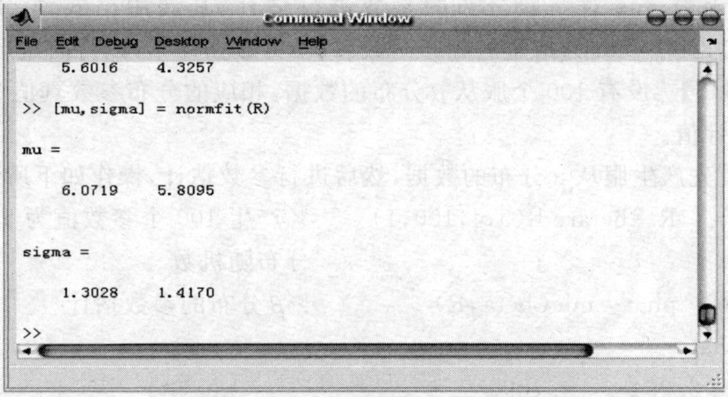

图 3.3 正态分布参数估计

【例 3.4】 运用表 3.2 中的数据，假设测定值总体服从正态分布 $N(\mu,\sigma^2)$，且 μ 和 σ 为未知。分别求两种情况下 μ 和 σ 的估计值。

解：先利用金球测定观察值估计 μ 和 σ：

```
>> X=[6.684  6.681  6.675  6.676  6.679  6.673]
>> [mu,sigmai]=normfit(X)
```

运行后结果显示如下

mu=

6.6780

sigmai=

0.0041

再利用铂球测定观察值估计 μ 和 σ:

```
>> Y=[6.661  6.663  6.664  6.667  6.664  6.665 ]
>> [mu,sigmai]=normfit(Y)
```

运行后结果显示如下

mu=

6.6640

sigmai=

0.0020

由上可知,金球测定的 μ 估计值为 6.6780,σ 的估计值为 0.0041。泊球测定的 μ 估计值为 6.6640,σ 的估计值为 0.0020。

3.4.1.4 一般分布的参数估计

利用函数 mle 对一般分布的参数进行估计,其调用格式为 phat=mle('dist',X),其中 dist 为指定的分布函数名,X 为数据样本,以行向量形式给出。

【例 3.5】 设有 100 个服从 β 分布的数据,相应的分布参数真值为 5 和 4,求参数估计值。

解:首先产生服从 β 分布的数据,然后进行参数估计,操作如下所示

```
>> R=betarnd (5,4,100,1)        %产生 100 个参数值为 5 和 4 的 β
                                 分布随机数
>> phat=mle('beta',R)           %β 分布的参数估计
phat=
    6.254     4.4090
```

100 个服从 β 分布数据的参数估计值分别为 6.254 和 4.4090。

3.4.2 参数的区间估计

3.4.2.1 二项分布的参数区间估计

二项分布的参数区间估计有两种形式,调用格式分别为

```
[PHAT, PCI]=binofit(X,N)          %返回置信度为 95%的参数估计和置
                                   信区间
[PHAT, PCI]=binofit (X, N, alpha)      % 返回置信水平为(1-α) *
```

100%的参数估计和置信区间

【例 3.6】 二项分布的参数区间估计。

解:首先产生服从二项分布的随机数据,然后进行区间估计,操作如下所示

```
>> R=binornd(20,0.75)        % 产生服从参数为20,0.75的二项分布随机数

R=

    17

>> [PHAT, PCI]=binofit(R,20)    % 二项分布的参数区间估计
PHAT=

    0.8500

PCI=

    0.6211      0.9679
```

二项分布的参数点估计为0.85,参数的区间估计为[0.6211,0.9679],运行结果如图3.4所示。

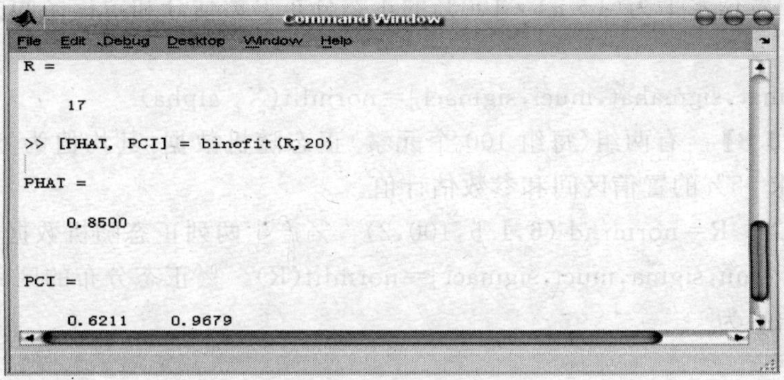

图 3.4 二项分布的参数区间估计

3.4.2.2 泊松分布的参数估计

泊松分布的参数区间估计有两种形式,调用格式分别为

```
[Lambdahat, Lambdaci]=poissfit(X)    %返回置信度为95%的参数估计和置信区间
[Lambdahat, Lambdaci]=poissfit (X,alpha)    %返回置信水平为(1-α)*100%的参数估计和置信区间
```

【例 3.7】 求泊松分布数据的参数区间估计。

解:首先产生两列服从泊松分布的随机数据,然后进行参数区间估计,操作如下所示

```
>>R=poissrnd (5,10,2)   %产生参数值为 5 的两列随机数
>>[Lambdahat, Lambdaci]=poissfit(X)   %泊松分布的参数区间估计
```

各列的 λ 值估计结果为

```
Lambdahat=
    4.9000    5.5000
```

各列的 λ 值的区间估计为

```
Lambdaci=
    3.6250    4.1434
    6.4781    7.1590
```

3.4.2.3　正态分布的参数区间估计

正态分布的参数区间估计也有两种形式,返回置信度为 95%的参数估计和置信区间的调用格式为:[muhat,sigmahat,muci,sigmaci]=normfit(X)

返回置信水平为$(1-\alpha)*100\%$的正态分布参数估计和置信区间的调用格式为

[muhat,sigmahat,muci,sigmaci]=normfit(X, alpha)

【例 3.8】　有两组(每组 100 个元素)正态随机数据,其均值为 6,均方差为 1.5,求 95%的置信区间和参数估计值。

解:

```
>>R=normrnd (6,1.5,100,2)   %产生两列正态随机数据
>>[mu,sigma,muci,sigmaci]=normfit(R)   %正态分布的区间估计
```

则结果为

```
mu=
    6.0719    5.8095    %各列的均值的估计值
sigma=
    1.3028    1.4170    %各列的均方差的估计值
muci=
    5.8134    5.5283    %各列均值的95%的置信区间
    6.3304    6.0907
sigmaci=
    1.1438    1.2442    %各列均方差的95%的置信区间
    1.5134    1.6461
```

结果说明:第一列正态分布随机数的均值的估计值为 6.0719,均方差的估

计值为1.3028，并且均值的95%的区间估计为[5.8134，6.3304]，均方差的95%的区间估计为[1.1438，1.5134]。第二列正态分布随机数的均值的估计值为5.8095，均方差的估计值为1.4170，并且均值的95%的区间估计为[5.5283，6.0907]，均方差的95%的区间估计为[1.2442，1.6461]。

3.4.2.4　一般分布的参数区间估计

利用函数mle对一般分布的参数进行区间估计，其调用格式分别为

```
[phat,pci]=mle('dist',data)   % 返回置信度为95%的参数估计和置信区间
[phat,pci]=mle('dist',data,alpha)   %返回置信水平为(1-α)*100%的参数估计值和置信区间
```

其中dist为指定的分布函数名，X为数据样本，以行向量形式给出。

【例3.9】 设有100个服从β分布的数据，相应的分布参数真值为5和4，求参数的置信水平分别为95%和90%的区间估计值。

解：首先产生服从β分布的数据，然后进行参数估计，操作如下所示

```
>> R=betarnd (5,4,100,1)   %产生100个参数值为5和4的β分布随机数
>>[phat,pci]=mle('beta',R)   %返回置信水平为95%的参数估计值和置信区间

phat=
    4.4522    3.7164
pci=
    3.3517    2.6967
    5.5527    4.7360
>>[phat,pci]=mle('beta',R,0.1)   %返回置信水平为90%的参数估计值和置信区间

pci=
    3.5286    2.8606
    5.3758    4.5721
```

100个服从β分布数据的参数估计值分别为4.4522和3.7164，参数的置信水平为95%的估计区间分别为[3.3517，5.5527]和[2.6967，4.7360]。参数的置信水平为90%的估计区间分别为[3.5286，5.3758]和[2.8606，4.5721]。

3.4.3　常用分布的参数估计函数

表3.4给出了常用分布的参数估计函数的调用格式。

表 3.4 参数估计函数表

函数名	调用格式	函数说明
binofit	PHAT=binofit(X, N) [PHAT, PCI]=binofit(X,N) [PHAT, PCI]=binofit (X, N, alpha)	二项分布的概率的最大似然估计 置信度为 95%的参数估计和置信区间 返回水平 α 的参数估计和置信区间
poissfit	Lambdahat=poissfit(X) [Lambdahat, Lambdaci]=poissfit(X) [Lambdahat, Lambdaci]=poissfit (X, alpha)	泊松分布的参数的最大似然估计 置信度为 95%的参数估计和置信区间 返回水平 α 的 λ 参数和置信区间
normfit	[muhat,sigmahat,muci,sigmaci]=normfit(X) [muhat,sigmahat,muci,sigmaci]=normfit(X, alpha)	正态分布的最大似然估计,置信度为 95% 返回水平 α 的期望、方差值和置信区间
betafit	PHAT=betafit (X) [PHAT, PCI]=betafit (X, alpha)	返回 β 分布参数 a 和 b 的最大似然估计 返回最大似然估计值和水平 α 的置信区间
unifit	[ahat,bhat]=unifit(X) [ahat,bhat,ACI,BCI]=unifit(X) [ahat,bhat,ACI,BCI]=unifit(X, alpha)	均匀分布参数的最大似然估计 置信度为 95%的参数估计和置信区间 返回水平 α 的参数估计和置信区间
expfit	muhat=expfit(X) [muhat,muci]=expfit(X) [muhat,muci]=expfit(X,alpha)	指数分布参数的最大似然估计 置信度为 95%的参数估计和置信区间 返回水平 α 的参数估计和置信区间
gamfit	phat=gamfit(X) [phat,pci]=gamfit(X) [phat,pci]=gamfit(X,alpha)	γ 分布参数的最大似然估计 置信度为 95%的参数估计和置信区间 返回最大似然估计值和水平 α 的置信区间

续表

函数名	调用格式	函数说明
weibfit	phat＝weibfit(X) [phat,pci]＝weibfit(X) [phat,pci]＝weibfit(X,alpha)	威布尔分布参数的最大似然估计 置信度为 95％的参数估计和置信区间 返回水平为 α 的参数估计及其区间估计
Mle	phat＝mle('dist',data) [phat,pci]＝mle('dist',data) [phat,pci]＝mle('dist',data,alpha) [phat,pci]＝mle('dist',data,alpha,p1)	分布函数名为 dist 的最大似然估计 置信度为 95％的参数估计和置信区间 返回水平 α 的最大似然估计值和置信区间 仅用于二项分布，pl 为试验总次数

3.5　案例分析

利用表 3.3 中的数据，假设螺帽的直径服从正态分布，试给出不同的显著水平，对螺帽直径的均值和标准差作区间估计。

解：编程求解如下，原始文件见案例 3.M。

```
R=[12.5  11.9  12.8  13.2  11.8  12.6  12.5  11.9  12.7  13.0];
alpha=0.05;
[mu,sigma,muci,sigmaci]=normfit(R,alpha);
alpha,muci,sigmaci,mu,sigma
alpha=0.01;
[mu,sigma,muci,sigmaci]=normfit(R,alpha);
alpha,muci,sigmaci,mu,sigma
alpha=0.5;
[mu,sigma,muci,sigmaci]=normfit(R,alpha);
alpha,muci,sigmaci,mu,sigma
alpha=1.0;
[mu,sigma,muci,sigmaci]=normfit(R,alpha);
alpha,muci,sigmaci,mu,sigma
```

结果如下：

```
alpha=0.0500
muci=[ 12.1454, 12.8346]
sigmaci=[ 0.3314, 0.8795]
mu=12.4900
sigma=0.4818
alpha=0.0100
muci=[11.9949, 12.9851]
sigmaci=[0.2976, 1.0973]
mu=12.4900
sigma=0.4818
alpha=0.5000
muci=[12.3829, 12.5971]
sigmaci=[ 0.4283, 0.5951]
mu=12.4900
sigma=0.4818
alpha=1
muci=[12.4900, 12.4900]
sigmaci=[ 0.5004, 0.5004]
mu=12.4900
sigma=0.4818
```

根据上面的结果，可以得到如下信息：置信水平为95%时，螺帽直径的均值为12.49，区间估计为[12.1454, 12.8346]，标准差为0.4818，区间估计为[0.3314, 0.8795]；置信水平为99%时，螺帽直径的均值为12.49，区间估计为[11.9949, 12.9851]，标准差为0.4818，区间估计为[0.2976, 1.0973]；置信水平为50%时，螺帽直径的均值为12.49，区间估计为[12.3829, 12.5971]，标准差为0.4818，区间估计为[0.4283, 0.5951]；当取α值为1时，即置信水平为0时，区间估计的结果区间变为一个点。

观察可得，置信水平越小，区间估计结果区间越小；置信水平越大，区间估计结果区间越大；而且置信水平对均值点估计无影响。从生活实际来说，置信水平越大，所得的均值可能取值范围越大，实际均值偏离估计区间的可能性越小，估计结果越准确，但是精度却越小；置信水平越小，所得的均值可能取值范围越小，实际均值偏离估计区间的可能性越大，但是精度却越大。实际生产运用中，应该兼顾估计的准确度和精度，根据实际选择合适的置信水平。

3.6 实验小结

本实验项目主要介绍了两方面的内容：参数的点估计和区间估计。针对常见的二项分布、泊松分布和正态分布分别介绍了它们的参数的点估计和区间估计，并提供了一般分布的参数的点估计和区间估计。

3.7 练习实验

1. 已知某种木材横纹抗压力的实验值服从正态分布，对 10 个试件作横纹抗压力实验得到数据如下(单位：公斤/平方厘米)：482，493，457，471，510，446，435，418，394，469。试对该木材平均横纹抗压力进行区间估计($\alpha=0.05$)。

2. 一地质学家为研究密歇根湖湖滩地区的岩石成分，随机地自该地区取 30 个样品，每个样品有 10 块石子，记录了每个样品中属石灰石的石子数。假设这 30 次观察相互独立，并且由过去经验知，它们都服从参数为 $n=10$，p 的二项分布，p 是这地区一块石子是石灰石的概率。求 p 的最大似然估计值。该地区地质学家所得的数据如下：

样品中属石灰石的石子数 i	0	1	2	3	4	5	6	7	8	9	10
观察到 i 块石灰石的样品个数	0	1	3	4	6	4	5	2	2	3	0

项目 4

假设检验

在前一章中介绍的区间估计是统计推断的一类重要问题，这一章我们将要学习统计推断的另一类重要问题——假设检验。一般说来，假设检验可以认为是根据样本来推断总体的某些性质和特征，它可以在总体的分布函数未知的情况下对总体的形式进行假设检验，也可以在只知其形式但不知其参数的情况下，对总体的一个或多个参数进行假设检验。例如，我们判断一个总体是否服从正态分布，又如我们判断一个正态总体的数学期望是否等于 μ_0 等。

4.1 实验目的

假设检验在数理统计中是一类十分重要的问题，我们在学习研究统计推断的过程中要经常涉及此类的问题。其主要任务是从样本出发，对总体的分布作出推断。我们在进行假设检验的时候，可能会遇到大容量的样本，这样对我们的计算会造成困难，随着计算机技术的不断发展，越来越多的软件都能对此类问题进行解决，这也给我们减少了大量烦琐的计算工作。我们的实验目的就是在充分理解假设检验思想的基础上，能够熟练的利用 Matlab 软件对实际情况进行假设检验分析。

4.2 实验原理

首先我们根据具体目的和要求对总体进行两种假设——原假设 H_0 和备择假设 H_1，然后根据样本提供的数据计算检验统计量以及显著性概率（P 值）。如果 P 值小于给定的显著性水平（一般为 0.05），则认为很可能拒绝原假设 H_0，而接受 H_1；如果 P 值大于给定的显著性水平，则认为很可能不拒绝原假设

H_0，而拒绝 H_1。在这里需要指出的是，按照这个检验法则有可能会犯两种错误，第一种是当 H_0 为真时，而检验统计量落入拒绝域而拒绝 H_0，这种错误称为第一类错误，记犯第一类错误的概率为 α；第二种是当 H_0 为假时，检验统计量落入接受域内而接受 H_0，这种错误称为第二类错误，记犯第二类错误的概率为 β。

在样本容量 n 固定的时候，我们要使 α 和 β 都很小是不可能的，所以我们提出一个原则，在 α 一定的条件下，使 β 尽可能的小，这类统计假设检验问题称为显著性检验问题，而称犯第一类错误的概率 α 为显著性水平。

4.3 实验数据

表 4.1 给出了某厂生产的纽扣的直径样本数据。

表 4.1 纽扣的直径数据

样品	1	2	3	4	5	6	7	8	9	10
直径(mm)	26.01	26.00	25.98	25.86	26.32	25.58	25.32	25.89	26.23	26.18

表 4.2 给出了某厂生产的合金钢抗拉强度数据。

表 4.2 合金钢强度

样品	1	2	3	4	5
抗拉强度	46.8	45.0	48.3	45.1	44.7

表 4.3 给出了一台自动车床生产的轴的直径(mm)数据。

表 4.3 轴的直径数据

子样一	2.066	2.063	2.068	2.060	2.067	2.063	2.059	2.062	2.062	2.060
子样二	2.063	2.060	2.057	2.056	2.059	2.058	2.062	2.059	2.059	2.057

某厂分别从甲乙两台机床生产的螺帽中随机抽取 10 个，测得直径(mm)如表 4.4 所示。

表 4.4 螺帽直径的观察值

螺帽	1	2	3	4	5	6	7	8	9	10
甲机床	12.5	11.9	12.8	13.2	11.8	12.6	12.5	11.9	12.7	13.0
乙机床	11.8	12.3	11.9	12.8	13.0	11.7	13.1	12.5	12.6	13.2

4.4 实验过程

4.4.1 单个正态总体的假设检验

对一个正态总体来说，主要是检验某个参数与已知值之间的差异，其主要内容是对均值的检验和对方差的检验，在对它们进行检验的同时又有不同的情况，这一节主要讲述单个正态总体在各个情况下对均值和方差的假设检验方法。

4.4.1.1 均值的假设检验

均值的假设检验主要是关于样本均值是否跟总体均值之间存在较大的差异。根据已知条件，对均值的假设检验又分不同的两种情况：总体方差已知和总体方差未知，下面分别讲述不同情况下具体的假设检验方法。

1. 方差已知时均值的假设检验

设 $X_1,X_2,\cdots,X_n$ 是取自正态总体 $N(\mu,\sigma^2)$ 的一个样本，$\sigma^2=\sigma_0^2$ 为已知常数，要检验假设 $H_0:\mu=\mu_0$。

如果 H_0 为真，则$\overline{X}$应当在 μ_0 周围较小范围内随机摆动。所以临界域的结构应为：

$$(|\overline{X}-\mu_0|>k)$$

构造统计量

$$U=\frac{\overline{X}-\mu_0}{\frac{\sigma_0}{\sqrt{n}}}\quad \text{它服从标准正态分布 } N(0,1)$$

给出显著性水平 α，在 H_0 为真下

$$P_{H_0}(|U|\geqslant\mu_{1-\frac{\alpha}{2}})=\alpha$$

我们可得临界域

$$C=(|U|\geqslant\mu_{1-\frac{\alpha}{2}})$$

即当$|U|<\mu_{1-\frac{\alpha}{2}}$时，不能拒绝 $H_0:\mu=\mu_0$，认为无显著差异；

$|U|\geqslant\mu_{1-\frac{\alpha}{2}}$时，拒绝 $H_0:\mu=\mu_0$，认为有显著差异。

在 Matlab 中这种 U 检验法由函数 ztest 来实现。函数 ztest 的用法如下：

$$[H,SIG]=ztest(X,M,sigma,ALPHA,TAIL)$$

在这里，X 为样本值，M 为 μ_0，sigma 为标准差，ALPHA 为显著性水平。TAIL＝0 时，表示备择假设为“期望值不等 M”（双边检验）；TAIL＝1 时，表示备择假设为“期望值大于 M”（单边检验）；TAIL＝－1 时，表示备择假设为“期望值小于 M”（单边检验）。

当标准差 sigma 已知时，函数执行一正态检验来判断是否来自一正态分布的样本的期望值，M 作为评判标准来估计。在没有重新设置的情况下 ALPHA 和 TAIL 的默认值分别为 0.05 和 0。

SIG 为当原假设为真时得到的观察值的概率，当 SIG 为小概率的时候则对原假设提出置疑。$H=0$ 表示在显著水平为 ALPHA 的情况下，不能拒绝原假设；$H=1$ 表示在显著水平为 ALPHA 的情况下，拒绝原假设。

【例 4.1】　由表 4.1 数据，假设某厂生产的纽扣，其直径 $\xi \sim N(\mu,\sigma^2)$，已知 $\sigma=4.2$(mm)，并且在标准情况下，纽扣的平均值应该是 26(mm)，问：是否可以认为这批纽扣的直径符合标准？（显著水平 $\alpha=0.05$）

解：总体均值 μ_0 和 σ 已知，则 $\xi \sim N(\mu,4.2^2)$，问题就化为根据样本值来判断 $\mu=26$ 还是 $\mu\neq 26$，为此提出假设：

原假设：　$H_0:\mu=\mu_0=26$

备则假设：　$H_1:\mu\neq\mu_0=26$

Matlab 实现过程如下：

```
>> x=[26.01,26.00,25.98,25.86,26.32,25.58,25.32,25.89,26.23,26.18]
x=
```

程序运行结果如下：

```
Columns 1 through 6
  26.0100   26.0000   25.9800   25.8600   26.3200   25.5800
Columns 7 through 10
  25.3200   25.8900   26.2300   26.1800
>> [H,sig]=ztest(x,26,4.2,0.05,0)
```

程序运行结果如下：

```
H=
     0
sig=
    0.9622
```

结果 $H=0$，说明在 0.05 的水平下，不能拒绝原假设，即认为这批纽扣的直径符合标准。

2. 方差未知时均值的假设检验

设 $X_1, X_2, \cdots, X_n$ 是取自正态总体 $N(\mu, \sigma^2)$ 的一个样本，σ^2 为未知常数，要检验的假设仍为 $H_0: \mu=\mu_0$。

因为总体方差未知，统计量 U 已不能用，我们选择不含 σ^2 的统计量

$$t=\frac{\overline{X}-\mu_0}{S_n^*}\sqrt{n}$$

给出显著性水平 α，在 H_0 为真时

$$P_{H_0}(|t| \geqslant t_{1-\frac{\alpha}{2}}(n-1))=\alpha$$

我们可以得临界域　　$C=(|t| \geqslant t_{1-\frac{\alpha}{2}}(n-1))$

即当 $|t|<t_{1-\frac{\alpha}{2}}(n-1)$ 时，不能拒绝 H_0，认为无显著差异；

$|t| \geqslant t_{1-\frac{\alpha}{2}}(n-1)$ 时，拒绝 H_0，认为有显著差异。

在 Matlab 中这种 t 检验法由函数 ttest 来实现。函数 ttest 的用法如下：

$$[H, SIG]=ttest(X, M, ALPHA, TAIL)$$

其中 X 为样本值，M 为 μ_0，ALPHA 为显著水平，TAIL＝0 时，表示备择假设为“期望值不等 M”（双边检验）；TAIL＝1 时，表示备择假设为“期望值大于 M”（单边检验）；TAIL＝－1 时，表示备择假设为“期望值小于 M”（单边检验）。默认时，TAIL＝0。

此检验函数用来判断来自一正态分布的样本的期望是否可用 M 来估计。默认值 $M=0$，ALPHA＝0.05，TAIL＝0，原假设为“期望值等于 M”。

SIG 为当原假设为真时得到的观察值的概率，当 SIG 为小概率的时候则对原假设提出置疑。

$H=0$ 表示在显著水平为 ALPHA 的情况下，不能拒绝原假设；

$H=1$ 表示在显著水平为 ALPHA 的情况下，可以拒绝原假设。

【例 4.2】　由表 4.2 中的数据，假设该厂生产的合金钢抗拉强度 $\xi \sim N(\mu, \sigma^2)$，已知在标准情况下抗拉强度为 48，问是否可以认为这批合金钢符合标准？（显著水平 $\alpha=0.05$）

解：总体 σ 未知，问题就化为根据样本值来判断 $\mu=48$ 还是 $\mu \neq 48$，为此提出假设：

原假设：$H_0: \mu=\mu_0=48$

备则假设：$H_1:\mu\neq\mu_0=48$

Matlab 实现过程如下：

```
>> x=[46.8,45.0,48.3,45.1,44.7]
x=
  程序的输出结果如下
46.8000  45.0000  48.3000  45.1000  44.7000
  程序的输出结果如下
>> [H,sig]=ttest(x,48,0.05,0)
H=
    1
sig=
    0.0423
```

结果表明，$H=1$，说明在显著水平为0.05的情况下，拒绝原假设，即认为合金钢的抗拉强度不稳定。

4.4.1.2 方差的假设检验

方差的假设检验主要是关于样本方差是否跟总体方差之间存在较大的差异，它同样也分为两种情况：均值已知和均值未知，下面就从这两个不同的情况具体讲述各自的方法。

1. 均值已知时方差的假设检验

设 $X_1,X_2,\cdots,X_n$ 是取自正态总体 $N(\mu,\sigma^2)$ 的一个样本，$\mu=\mu_0$ 为已知常数，要求检验假设 $H_0:\sigma^2=\sigma_0^2$

因为 $\mu=\mu_0$ 为常数，那么样本方差 $\frac{1}{n}\sum_{i=1}^{n}(X_i-\mu_0)^2$ 应该是总体方差 σ_0^2 的无偏估计，那么统计量

$$\frac{\frac{1}{n}\sum_{i=1}^{n}(X_i-\mu_0)^2}{\sigma_0^2}$$

在 H_0 为真时，应该在1的周围随机的摆动，构造统计量

$$\chi^2=\frac{\sum_{i=1}^{n}(X_i-\mu_0)^2}{\sigma_0^2}\quad 服从\ \chi^2(n)\ 分布，$$

给定显著性水平 α，在 H_0 为真下

$$P_{H_0}(k_1 \leqslant \chi^2 \leqslant k_2) = 1-\alpha$$

我们得到临界域

$$C=\{\chi^2 < \chi_{\frac{\alpha}{2}}{}^2(n)\} \cup \{\chi^2 > \chi_{1-\frac{\alpha}{2}}{}^2(n)\}$$

即当统计量 $\chi^2 < \chi_{\frac{\alpha}{2}}{}^2(n)$ 或 $\chi^2 > \chi_{1-\frac{\alpha}{2}}{}^2(n)$ 时，拒绝 H_0，认为有显著差异。

2. 均值未知时方差的假设检验

设 $X_1, X_2, \cdots, X_n$ 是取自正态总体 $N(\mu, \sigma^2)$ 的一个样本，μ 未知，要求检验假设 $H_0: \sigma^2 = \sigma_0^2$。

因为参数 μ 未知，我们用样本的均值 $\overline{X}$ 去代替 μ，构造统计量

$$\chi^2 = \frac{(n-1)S_n^{*2}}{\sigma_0{}^2} = \frac{\sum_{i=1}^{n}(X_i - \overline{X})^2}{\sigma_0{}^2}$$，该统计量服从自由度为 $(n-1)$ 的 χ^2 分布

给定显著性水平 α，在 H_0 为真下

$$P_{H_0}(k_1 \leqslant \chi^2 \leqslant k_2) = 1-\alpha$$

我们得到临界域

$$C=\{\chi^2 < \chi^2_{\frac{\alpha}{2}}(n-1)\} \cup \{\chi^2 > \chi^2_{1-\frac{\alpha}{2}}(n-1)\}$$

即当统计量 $\chi^2 < \chi^2_{\frac{\alpha}{2}}(n-1)$ 或 $\chi^2 > \chi^2_{1-\frac{\alpha}{2}}(n-1)$ 时，拒绝 H_0，认为有显著差异。

4.4.2 两个正态总体的假设检验

两个正态总体的假设检验主要是比较两个来自正态总体的样本之间的均值或方差之间的差异，下面各小节分别讲述不同情况的具体假设检验方法。

4.4.2.1 两个正态总体均值的假设检验

两个正态总体均值的假设检验主要是对分别来自正态总体的两个样本之间均值差异的比较，它的情况比较复杂，例如两个样本可以分别来自不同的总体，也可以来自相同的总体，总体的方差已知也可未知，下面分别讲述不同情况的具体假设检验方法。

1. 两个方差均已知时均值的假设检验

设 $X_1, X_2, \cdots, X_{n_1}$ 是取自正态总体 $N(\mu_1, \sigma_1^2)$ 的一个样本，$Y_1, Y_2, \cdots, Y_{n_2}$ 是取自正态总体 $N(\mu_2, \sigma_2^2)$ 的一个样本。σ_1^2, σ_2^2 为已知常数，要求检验假设 H_0：$\mu_1 = \mu_2$，也可以写为 $H_0: \mu_1 - \mu_2 = 0$。

构造统计量

$$U=\frac{\overline{X}-\overline{Y}}{\sqrt{\frac{\sigma_1^2}{n_1}+\frac{\sigma_2^2}{n_2}}}$$ 服从标准正态分布 $N(0,1)$

H_0 的拒绝域为　$$U=\left|\frac{\overline{X}-\overline{Y}}{\sqrt{\frac{\sigma_1^2}{n_1}+\frac{\sigma_2^2}{n_2}}}\right|\geqslant u_{1-\frac{\alpha}{2}}$$

2. 两个方差均未知且相等时均值的假设检验

设 $X_1,X_2,\cdots,X_{n_1}$ 是取自正态总体 $N(\mu_1,\sigma^2)$ 的一个样本，$Y_1,Y_2,\cdots,Y_{n_2}$ 是取自正态总体 $N(\mu_2,\sigma^2)$ 的一个样本。已知两个正态总体的方差相等，但 σ^2 未知。要求检验假设 $H_0:\mu_1-\mu_2=0$。

构造统计量

$$t=\frac{\overline{X}-\overline{Y}}{S_w\sqrt{\frac{1}{n_1}+\frac{1}{n_2}}}$$ 它服从自由度为 (n_1+n_2-2) 的 t 分布。

其中　$$S_w=\frac{(n_1-1)S_1^2+(n_2-1)S_2^2}{n_1+n_2-2}$$

H_0 的拒绝域为　$$t=\left|\frac{\overline{X}-\overline{Y}}{S_w\sqrt{\frac{1}{n_1}+\frac{1}{n_2}}}\right|\geqslant t_{1-\frac{\alpha}{2}}(n_1+n_2-2)$$

对两个方差均未知且相等时，均值的假设检验仍可以用 Matlab 中的 t 检验法来进行分析，它由函数 ttest2 来实现。函数 ttest2 的用法如下：

$$[H,SIGNIFICANCE\ CI]=ttest2(X,Y,ALPHA,TAIL)$$

其中 X、Y 为样本值，ALPHA 为显著水平，TAIL＝0 时，表示备择假设为“期望值不等”(双边检验)；TAIL＝1 时，表示备择假设为“X 的期望大于 Y 的期望”(单边检验)；TAIL＝－1 时，表示备择假设为“X 的期望小于 Y 的期望”(单边检验)，默认值 $M=0$，ALPHA＝0.05，TAIL＝0。

SIGNIFICANCE 为当原假设为真时得到的观察值的概率，当 SIGNIFICANCE 为小概率的时候则对原假设提出质疑。

H＝0：在显著水平为 ALPHA 的情况下，不能拒绝原假设；

H＝1：在显著水平为 ALPHA 的情况下，可以拒绝原假设。

【例 4.3】　由表 4.3 中的数据，假设轴直径的分布是正态的，由于子样是取自同一台车床，可以认为$\sigma_1^2=\sigma_2^2=\sigma^2$，而$\sigma^2$是未知常数。要求假设检验：$H_0$：$\mu_1=\mu_2$。（显著水平$\alpha=0.05$）

解：需要建立假设：

$$H_0: \mu_1=\mu_2$$
$$H_1: \mu_1\neq\mu_2$$

Matlab 实现语句如下：

```
x=[2.066,2.063,2.068,2.060,2.067,2.063,2.059,2.062,2.062,
2.060]
x=
```

程序的输出结果如下：

```
Columns 1 through 6
  2.0660   2.0630   2.0680   2.0600   2.0670   2.0630
Columns 7 through 10
  2.0590   2.0620   2.0620   2.0600
>> y=[2.063,2.060,2.057,2.056,2.059,2.058,2.062,2.059,2.059,
2.057]
```

程序的输出结果如下：

```
y=
Columns 1 through 6
  2.0630   2.0600   2.0570   2.0560   2.0590   2.0580
Columns 7 through 10
  2.0620   2.0590   2.0590   2.0570
>> [H,sig,ci]=ttest2(x,y,0.05,0)
```

程序的输出结果如下：

```
H=
   1
sig=
   0.0037
ci=
   0.15      0.0065
```

结果显示$H=1$，表明在$\alpha=0.05$的显著水平下，拒绝原假设，即认为这台自动车床受时间的影响而生产不稳定。

3. 两个方差未知但不相等时均值的假设检验

设 $X_1, X_2, \cdots, X_{n_1}$ 是取自正态总体 $N(\mu_1, \sigma_1^2)$ 的一个样本，$Y_1, Y_2, \cdots, Y_{n_2}$ 是取自正态总体 $N(\mu_2, \sigma_2^2)$ 的一个样本。σ_1^2 与 σ_2^2 均未知，且 $\sigma_1^2 \neq \sigma_2^2$，要求检验 H_0：$\mu_1 - \mu_2 = 0$，构造统计量

$$t = \frac{\overline{X} - \overline{Y}}{\sqrt{\frac{S_1^2}{n_1} + \frac{S_2^2}{n_2}}} \quad \text{服从自由度为 } v \text{ 的 } t \text{ 分布}$$

H_0 的拒绝域为 $t > t_{\alpha,v}$ 或 $t < -t_{\alpha,v}$。

4.4.2.2　两个正态总体方差的假设检验

两个正态总体方差的假设检验主要是对来自正态总体的两个样本方差之间差异的比较，它同样可以分为两均值已知和未知两种情况，具体方法如下：

1. 两个均值已知时方差的假设检验

设 $X_1, X_2, \cdots, X_{n_1}$ 是取自正态总体 $N(\mu_1, \sigma_1^2)$ 的一个样本，$Y_1, Y_2, \cdots, Y_{n_2}$ 是取自正态总体 $N(\mu_2, \sigma_2^2)$ 的一个样本。μ_1 与 μ_2 已知，要求检验 $H_0: \sigma_1^2 = \sigma_2^2$。

构造统计量

$$F = \frac{n_2 \sum_{i=1}^{n_1} (X_i - \mu_1)^2}{n_1 \sum_{j=1}^{n_2} (Y_j - \mu_2)^2} \quad \text{服从 } F(n_1, n_2) \text{ 分布，}$$

H_0 的拒绝域为

$$F > F_{1-\frac{\alpha}{2}}(n_1, n_2) \text{ 或 } F < F_{\frac{\alpha}{2}}(n_1, n_2)$$

2. 两个均值未知时方差的假设检验

设 $X_1, X_2, \cdots, X_{n_1}$ 是取自正态总体 $N(\mu_1, \sigma_1^2)$ 的一个样本，$Y_1, Y_2, \cdots, Y_{n_2}$ 是取自正态总体 $N(\mu_2, \sigma_2^2)$ 的一个样本。这里的 μ_1 与 μ_2 均未知，要求检验 $H_0: \sigma_1^2 = \sigma_2^2$。构造统计量

$$F = \frac{S_1^{*2}}{S_2^{*2}}$$

它服从 $F_{\frac{\alpha}{2}}(n_1 - 1, n_2 - 1)$ 分布。

H_0 的拒绝域为

$$F < F_{\frac{\alpha}{2}}(n_1 - 1, n_2 - 1) \quad \text{或 } F > F_{1-\frac{\alpha}{2}}(n_1 - 1, n_2 - 1)$$

4.4.3 非正态总体的假设检验

前面介绍的假设检验都是针对正态总体，而且对样本的大小没有任何限制，但在实际应用中，通常遇到总体不服从正态分布或根本不知道总体分布的情况。这时，检验统计量及其分布很难确定。因此，常常应用中心极限定理，借助于统计量的极限分布对总体参数做近似检验。这种检验通常要求样本为大样本，至少样本容量为30。

对于非正态总体均值的假设检验，以及两个非正态总体均值差异性的显著性检验，在大样本条件下，都归结为U检验，只是当方差已知时，只要样本容量$\geqslant 30$就可以；而当方差未知时，通常用样本方差去估计总体方差，这时要求样本容量$\geqslant 100$，才能保证检验的精度。

4.5 案例分析

由表4.4中的数据，假设两机床生产的螺帽直径来自两个独立的正态分布总体，并且两机床生产的螺帽直径的期望分别为μ_1和μ_2，方差分别为σ_1^2和σ_2^2，要求作总体均值和方差的假设检验(显著水平$\alpha=0.05$)。

解：首先分别取样本

$x=[12.5 \quad 11.9 \quad 12.8 \quad 13.2 \quad 11.8 \quad 12.6 \quad 12.5 \quad 11.9 \quad 12.7 \quad 13.0]$

$y=[11.8 \quad 12.3 \quad 11.9 \quad 12.8 \quad 13.0 \quad 11.7 \quad 13.1 \quad 12.5 \quad 12.6 \quad 13.2]$

先做方差的假设检验，假设检验如下：

$$H_0: \sigma_1^2=\sigma_2^2$$
$$H_1: \sigma_1^2\neq\sigma_2^2$$

编制程序如下，原始文件见案例4－1.M：

```
x=[12.5  11.9  12.8  13.2  11.8  12.6  12.5  11.9  12.7  13.0];
alpha=0.05;
[mu1 sigma1]=normfit(x,alpha);
y=[11.8  12.3  11.9  12.8  13.0  11.7  13.1  12.5  12.6  13.2];
[mu2 sigma2]=normfit(y,alpha);
if sigma1>=sigma2
  F=sigma1^2/sigma2^2;
  n1=10; n2=10;
```

```
else
  F=sigma2^2/sigma1^2;
  n1=10; n2=10;
end
F1=finv(1-alpha/2,n1,n2);
F,F1
```

结果显示：

```
F=
   1.3064
F1=
   3.7168
```

由显示结果可知：F1≥F，所以接受 H0，可以认为 $\sigma_1^2=\sigma_2^2$。根据方差检验的结果，故可以用 t 检验来验证均值问题。下面进行均值检验，编制程序如下：

```
x=[12.5  11.9  12.8  13.2  11.8  12.6  12.5  11.9  12.7  13.0];
y=[11.8  12.3  11.9  12.8  13.0  11.7  13.1  12.5  12.6  13.2];
[H,sig,ci]=ttest2(x,y,0.05,0)
```

结果显示：

```
H=
   0
sig=
   1
ci=
  -0.4861    0.4861
```

结果显示 $H=0$，表明在 $\alpha=0.05$ 的显著水平下，接受原假设，即认为这两台机床生产的螺帽直径的期望相等，并且结果可信。

4.6 实验小结

本实验项目主要介绍了两方面的内容：单正态总体的假设检验和两个正态总体的假设检验。一般说来，假设检验可以认为是根据样本来推断总体的某些性质和特征，它可以在总体的分布函数未知的情况下对总体的形式进行假设检验，也可以在只知其形式但不知其参数的情况下，对总体的一个或多个参数进行假设检验。

4.7 练习实验

1. 对两组测试人员血液中的硫醇进行分析，第一组为“正常人员”，第二组为风湿性关节病人。正常组：1.84，1.92，1.94，1.92，1.85，1.91，2.07；疾病组：2.81，4.06，3.62，3.27，3.27，3.76。问这两组人员之间血液中硫醇溶液是否存在显著性的差异？

2. 某人在不同月份用同一方法分析某合金样品中的铜，所得结果如下，问两批结果有无显著性差异？

一月份：93.08，91.36，91.60，91.91，92.79，92.80，91.03

七月份：93.95，93.42，92.20，92.46，92.73，94.31，92.94，93.66，92.05

项目 5

方差分析

5.1 实验目的

方差分析是对多个总体均值是否相等这一假设进行检验的一种常用方法，它通过对全部样本观察值的差异进行分解，将某一种或多种因素下各组样本观察值之间可能存在的系统性误差与随机误差加以比较，据以推断各总体之间是否存在显著性差异。方差分析按因素的个数多少可分为单因素方差、两因素方差分析和多因素方差分析。若应用方差分析检验多总体均值是否相等时，拒绝零假设，可得出多个总体均值不全相等的结论，而在某些情况下，我们需要进一步确定在这些均值中间到底哪几个均值之间存在差异，则引入可用在两个总体均值之间进行统计比较的多重比较方法。本试验项目旨在使学生学会利用 Matlab 7.0 统计工具箱的线性模型分析函数中的方差分析函数进行单因素方差分析、两因素方差分析、多因素方差分析和均值的多重比较。

5.2 实验原理

1. 单因素方差分析

作为单因素的方差分析，其目标是检验水平均值 μ_j 是否相等。如果相等，我们说该因素对响应变量 Y 不产生影响；反之，就认为该因素对 Y 存在影响。

(1)单因素方差分析的数据结构

为了使分析问题具有普遍性，我们设因素 A 有 s 个水平：$A_1,A_2,\cdots,As$，在水平 $A_j(j=1,2,\cdots,s)$下，进行 $n_j(n_j\geqslant 2)$次独立试验。每个试验的可能结果都是一个随机变量，设在水平 A_j 下试验结果的总体为 $Y_j(j=1,2,\cdots,s)$，那么，来

自总体 Y_j 的样本(试验结果)为 $y_{1j},y_{2j},\cdots$。假设 $Y_j \sim N(\mu_j,\sigma^2)$,$\mu_j$ 和 σ^2 未知,且设不同水平 A_j 下的样本之间相互独立,试验得到如表 5.1 的结果。其中:

$$T_j = \sum_{i=1}^{n_j} y_{ij},(j = 1,2,\cdots,s).$$

$$\bar{y}_j = \frac{1}{n_j}\sum_{i=1}^{n_j} y_{ij},(j = 1,2,\cdots,s).$$

$$\bar{y} = \frac{1}{n}\sum_{i=1}^{n_j}\sum_{j=1}^{s} y_{ij},(\text{其中 } n = \sum_{j=1}^{s} n_j)$$

表 5.1 因素 A(s 个水平)实验结果数据

因子 x 水平 / 观察次数	A_1	A_2	…	A_j	…	A_s
1	y_{11}	y_{12}	…	y_{1j}	…	y_{1s}
2	y_{21}	y_{22}		y_{2j}		y_{2s}
…						…
n_j	$y_{n_1 1}$	$y_{n_2 2}$		$y_{n_j 2}$		$y_{n_s s}$
样本总和	T_1	T_2	…	T_j	…	T_s
样本平均值	$\bar{y}_1$	$\bar{y}_2$	…	$\bar{y}_j$	…	$\bar{y}_s$
总体平均值	μ_1	μ_2	…	μ_j	…	μ_s

* 表中 $n_1,n_2,\cdots,n_j,\cdots,n_s$ 为相等或不相等的任意整数值。

(2)单因素方差分析的统计模型

若我们将因子水平 A_j 的观察值 y_{ij} 分解成两部分,一部分是常数项 μ_j,一部份是随机误差项 ε_{ij},如下:

$$Y_{ij} = \mu_j + \varepsilon_{ij},(j=1,2,\cdots) \tag{5.1}$$

根据方差分析的条件,则对上述模型作方差分析还必须满足下列假定条件:

观察值的随机误差项 ε_{ij} 期望值等于 0。

$$E(\varepsilon_{ij})=0,(j=1,2,\cdots,s)$$

观察值的随机误差项 ε_{ij} 是一个独立的服从正态分布的随机变量。

$$\varepsilon_{ij} \sim N(0,\sigma^2),(j=1,2,\cdots,s)$$

在因子水平 A_j 下的观察值 y_{ij} 是一个随机变量。即：

$$E(y_{ij})=\mu_j,(j=1,2,\cdots,s)$$
$$y_{ij}\sim N(\mu_j,\sigma^2)$$

因子各水平下的观察值的 y_{ij} 是同散布的，即方差相同。其中观察值的随机误差 ε_{ij} 项也是同散布。即：

$$\begin{aligned}\sigma&=V(y_{.1})=V(y_{.2})=\cdots=V(y_{.s})\\&=V(\varepsilon_{.1})=V(\varepsilon_{.2})=\cdots=V(\varepsilon_{.s})\end{aligned}$$

符合上述条件的式(5.1)，称为方差分析的线性模型。对于线性模型式(5.1)，方差分析的任务是检验 s 个总体 $N(\mu_1,\sigma^2)$，$N(\mu_2,\sigma^2)$，…，$N(\mu_s,\sigma^2)$ 的均值是否相等，即：

$$\left.\begin{aligned}&H_0:\mu_1=\mu_2=\cdots=\mu_s,\\&H_1:\mu_1,\mu_2,\cdots\mu_s\text{ 不全相等(至少有一个不等)}\end{aligned}\right\}\tag{5.2}$$

这里应该注意的是，只有满足上述的假设条件所进行的方差分析才是有效的，但是在实际应用中能够完全符合以上假设的客观现象并不多，尤其是在社会经济现象中更是如此。在生产中这种不符合以上假设的现象也不少。不过，一般应近似地符合上述这些假设要求。

(3)总离差平方和的分解

在单因素方差分析中，离差平方和有三个，它们分别是总离差平方和、误差项离差平方和以及水平项离差平方和。

各 y_{ij} 间总的差异大小可用 SS_T(Sum of Squares for Total)表示：

$$SS_T=\sum_{j=1}^{s}\sum_{i=1}^{n_j}(y_{ij}-\bar{y})^2$$

它反映了离差平方和的总体情况，即反映试验结果(观察值)的全部差异，称为总变差或总离差平方和。

由随机误差引起的数据间的差异可以用误差离差平方和 SS_E(Sum of Squares for Error)表示：

$$SS_E=\sum_{j=1}^{s}\sum_{i=1}^{n_j}(y_{ij}-\bar{y}_{.j})^2,(j=1,2,\cdots,s)$$

对公式分析不难发现，SS_E反映的是水平内部，或组内观察值的离散状况，称为误差离差平方和。正如前面分析的，实质上反映了随机因素带来的影响。

由于组间离差除了随机误差外，还反映了效应间的差异，故由效应不同引起的数据差异可用水平项离差平方和表示。为了后面叙述方便，可以把单因素方差分析中的因素称为 A，于是水平项离差平方和也称为因素 A 的离差平方和，用 SS_A(Sum of Squares for factor A)表示：

$$SS_A = \sum_{j=1}^{s}\sum_{i=1}^{n_j}(\bar{y}_{.j} - \bar{y})^2 = \sum_{j=1}^{s} n_j(\bar{y}_{.j} - \bar{y})^2$$

$$= \sum_{j=1}^{s} n_j \bar{y}_{.j}^{\ 2} - n\bar{y}^2$$

用各组均值 $\bar{y}_j$，减去总均值 $\bar{y}$ 的离差的平方，乘以各组观察值个数 n_j，然后加总，即可得到 SS_A。可以看出，它所表现的是组间差异，其中即包括随机因素，也包括系统因素。$n_j\ (\bar{y}_{.j} - \bar{y})^2$ 表示在水平 A_j 下，样本平均值与全部数据的总平均值的差异，这是由各水平 A_j 不同及随机误差所引起的，因此 SS_A 称为水平项离差平方和或效应平方和。SS_T，SS_E，SS_A 之间存在着一定的联系。这种联系表现在：

$$SS_T = SS_E + SS_A$$

(4)检验统计量及拒绝域

当原假设 $H_0: \mu_1 = \mu_2 = \cdots = \mu_s$ 成立时，则全部样本来自同一正态总体 $N(\mu, \sigma^2)$。于是 $\dfrac{SS_T}{n-1}, \dfrac{SS_E}{n-s}, \dfrac{SS_A}{s-1}$ 都是 σ^2 的无偏估计量。其中 $n-1, n-s, s-1$，分别称为 SS_T，SS_E 和 SS_A 的自由度。若记 $f = n-1$，$f_E = n-s$，$f_A = s-1$，则自由度分解公式为 $f = f_E + f_A$。所以在原假设 H_0 成立时 $F = \dfrac{SS_A/(s-1)}{SS_E/(n-s)}$ 应接近于 1，而由 SS_E 和 SS_A 的表达式及含义可以看出，如果将样本值代入上式计算得的 F 值比 1 大得多，就说明因素 A 的影响是显著的。此时就应拒绝 H_0，那么 F 值为多少时拒绝 H_0 接受 H_1 呢？这需要知道统计量 F 的概率分布。可以证明，当 H_0 为真时，有统计量

$$F = \frac{SS_A/(s-1)}{SS_E/(n-s)} \sim F(s-1, n-s)$$

对显著性水平 α，原假设 H_0 的拒绝域为：

$$F = \frac{SS_A/(s-1)}{SS_E/(n-s)} \geqslant F_\alpha(s-1, n-s)$$

上述分析的结果可排成表 5.2 的形式，称为方差分析表。

表 5.2　方差分析表

方差来源	自由度	平方和	均　方	F 值
因素 A(组)间	$s-1$	SS_A	$\overline{SS}_A=\dfrac{SS_A}{s-1}$	$F=\dfrac{\overline{SS}_A}{\overline{SS}_E}$
随机误差(组内)	$n-s$	SS_E	$\overline{SS}_E=\dfrac{SS_E}{n-s}$	
总差异	$n-1$	SS_T		

由样本计算得统计量 F 值后，做检验推断。若 $F<F_\alpha(s-1,n-s)$，则接受 H_0，认为因素 A 对试验结果的影响不显著；若 $F\geqslant F_\alpha(s-1,n-s)$，则拒绝 H_0 接受 H_1，认为因素 A 对试验结果的有显著影响性。

2. 双因素方差分析

两因素方差分析的目的也是确定几组数据是否具有相同的均值，即确定这几组数据是否具有不同的测量特性。两因素方差分析与单因素方差分析的不同在于两因素方差分析中每组数据有两类定义的特征，而不是一个。

(1)双因素无重复试验的方差分析

设 $y_{ij}\sim N(\mu_{ij},\sigma^2)$ $(i=1,2,\cdots r,j=1,2,\cdots s)$，且各 y_{ij} 独立。其中 μ_{ij}，σ 均为未知参数。

则双因素无重复试验的方差分析的模型为：

$$\left.\begin{array}{l} y_{ij}=\mu_{ij}+\varepsilon_{ij} \quad i=1,2,\cdots r;j=1,2,\cdots s \\ \varepsilon_{ij}\sim N(0,\sigma^2) \\ \text{各 } \varepsilon_{ij} \text{ 独立} \end{array}\right\}$$

引入记号：

$$\mu=\frac{1}{rs}\sum_{i=1}^{r}\sum_{j=1}^{s}\mu_{ij},$$

$$\mu_{i.}=\frac{1}{s}\sum_{j=1}^{s}\mu_{ij},\ i=1,2,\cdots,r,$$

$$\mu_{.j}=\frac{1}{r}\sum_{i=1}^{r}\mu_{ij},\ i=1,2,\cdots,s,$$

$$\alpha_i=\mu_{i.}-\mu,\ i=1,2,\cdots,r,$$

$$\beta_j=\mu_{.j}-\mu,\ j=1,2,\cdots,s.$$

容易看出：

$$\sum_{i=1}^{r}\alpha_i = 0,\ \sum_{j=1}^{s}\beta_j = 0.$$

称 μ 为总平均，称 α_i 为水平 A_i 的效应（或称 A 的主效果），称 β_j 为水平 B_j 的效应（或称 B 的主效果）。这样可以将 μ_{ij} 表示为：

$$\mu_{ij}=\mu+\alpha_i+\beta_j+(\mu_{ij}-\mu_{i.}-\mu_{.j}+\mu),\ (i=1,2,\cdots,r,\ j=1,2,\cdots,s)$$

由于不存在交互作用，即此时

$$\gamma_{ij}=\mu_{ij}-\mu_{i.}-\mu_{.j}+\mu=0,\ (i=1,2,\cdots,r,\ j=1,2,\cdots,s)$$
$$\mu_{ij}=\mu+\alpha_i+\beta_j$$

故 $y_{ij}=\mu+\alpha_i+\beta_j+\varepsilon_{ij}$，对这个模型我们需要检验的假设是：

$$\left.\begin{array}{l}H_{01}:\alpha_1=\alpha_2=\cdots=\alpha_r=0\\ H_{11}:\alpha_1,\alpha_2,\cdots,\alpha_r\text{ 不全为零}\end{array}\right\}$$
$$\left.\begin{array}{l}H_{02}:\beta_1=\beta_2=\cdots=\beta_s=0\\ H_{12}:\beta_1,\beta_2,\cdots,\beta_s\text{ 不全为零}\end{array}\right\}$$

对双因素无重复试验问题的检验方法也是建立在平方和的分解上，引入以下记号，SS_T 为总平方和，SS_E 称为误差平方和，SS_A，SS_B 分别称为因素 A、因素 B 的效应平方和：

$$SS_T=\sum_{i=1}^{r}\sum_{j=1}^{s}(y_{ij}-\bar{y})^2$$
$$=\sum_{i=1}^{r}\sum_{j=1}^{s}[(y_{ij}-\bar{y}_{i.}-\bar{y}_{.j}+\bar{y})+(\bar{y}_{i.}-\bar{y})+(\bar{y}_{.j}-\bar{y})]^2$$
$$=\sum_{i=1}^{r}\sum_{j=1}^{s}(y_{ij}-\bar{y}_{i.}-\bar{y}_{.j}+\bar{y})+s\sum_{i=1}^{r}(\bar{y}_{i.}-\bar{y})^2+r\sum_{j=1}^{s}(\bar{y}_{.j}-\bar{y})^2$$

$$SS_A=s\sum_{i=1}^{r}(\bar{y}_{i.}-\bar{y})^2\quad SS_B=r\sum_{j=1}^{s}(\bar{y}_{.j}-\bar{y})^2$$

$$SS_E=\sum_{i=1}^{r}\sum_{j=1}^{s}(y_{ij}-\bar{y}_{i.}-\bar{y}_{.j}+\bar{y})$$

且有等式 $SS_T=SS_E+SS_A+SS_B$ 成立。

可以证明 SS_T，SS_E，SS_A，SS_B 的自由度依次是 $rs-1$，$(r-1)(s-1)$，$r-1$，$s-1$，且当 $\alpha_1=\alpha_2=\cdots=\alpha_r=0$ 为真时，

$$F_A = \frac{SS_A/(r-1)}{SS_E/(r-1)(s-1)} \sim F(r-1,(r-1)(s-1))$$

取显著性水平为 α，得原假设 H_{01} 的拒绝域为：

$$F_A = \frac{SS_A/(r-1)}{SS_E/(r-1)(s-1)} \geqslant F_\alpha(r-1,(r-1)(s-1))$$

类似地，在显著性水平 α 下，假设 H_{02} 的拒绝域为：

$$F_B = \frac{SS_B/(s-1)}{SS_E/(r-1)(s-1)} \geqslant F_\alpha(s-1,(r-1)(s-1))$$

上述结果可汇总成方差分析表如表 5.3。

表 5.3 双因素无重复方差分析表

方差来源	自由度	平方和	均方	F
因素 A(组间)	$r-1$	SS_A	$\frac{SS_A}{r-1}$	$F=\frac{SS_A/(r-1)}{SS_E/(r-1)(s-1)}$
因素 B(组间)	$s-1$	SS_B	$\frac{SS_B}{s-1}$	$F=\frac{SS_B/(s-1)}{SS_E/(r-1)(s-1)}$
随机误差(组内)	$(r-1)(s-1)$	SS_E	$\frac{SS_E}{(r-1)(s-1)}$	
总和	$rs-1$	SS_T		

(2)双因素等重复试验的方差分析

若考虑因素 A、B 的交互效应，这时必须在各种组合水平下作重复实验方可进行方差分析。对因素 A,B 的水平每对组合(A_i,B_j)，$i=1,2,\cdots,r$，$j=1,2,\cdots,s$ 都作 $t(t\geqslant 2)$次试验(称为等重复试验)。

设为：$y_{ijk} \sim N(\mu_{ij},\sigma^2)$，$(i=1,2,\cdots r, j=1,2,\cdots s, k=1,2,\cdots t)$，各 y_{ijk} 相互独立。这里 μ_{ij}，σ 均为未知参数，则双因素等重复试验的方差分析的模型为：

$$\left.\begin{array}{l} y_{ijk}=\mu_{ij}+\varepsilon_{ijk},\ i=1,2,\cdots r; j=1,2,\cdots s \\ \varepsilon_{ijk} \sim N(0,\sigma^2),\ k=1,2,\cdots t \\ \text{各 } \varepsilon_{ijk} \text{ 独立。} \end{array}\right\}$$

引入与双因素无重复试验的方差分析模型中相同的记号，则

$$\mu_{ij}=\mu+\alpha_i+\beta_j+(\mu_{ij}-\mu_{i.}-\mu_{.j}+\mu),\ (i=1,2,\cdots,r,\ j=1,2,\cdots,s)$$

$$\gamma_{ij}=\mu_{ij}-\mu_{i.}-\mu_{.j}+\mu,\ (i=1,2,\cdots,r,\ j=1,2,\cdots,s)$$

$$\mu_{ij}=\mu+\alpha_i+\beta_j+\gamma_{ij}$$

称 γ_{ij} 为水平 A_i 和水平 B_j 的交互效应(或称交互作用),这是 A_i、B_j 搭配起来联合起作用而引起的。易知:

$$\sum_{i=1}^{r}\gamma_{ij}=0,\ j=1,2,\cdots,s,\quad \sum_{j=1}^{s}\gamma_{ij}=0,\ i=1,2,\cdots,r.$$

其中 $\mu,\alpha_i,\beta_j,\gamma_{ij}$ 及 σ^2 都是未知参数。

对于双因素等重复试验的方差分析模型我们要检验以下三个假设命题:

$$\begin{cases}H_{01}:\alpha_1=\alpha_2=\cdots=\alpha_r=0,\\ H_{11}:\alpha_1,\alpha_2,\cdots,\alpha_r\text{不全为零}.\end{cases}$$

$$\begin{cases}H_{02}:\beta_1=\beta_2=\cdots=\beta_s=0,\\ H_{12}:\beta_1,\beta_2,\cdots,\beta_r\text{不全为零}.\end{cases}$$

$$\begin{cases}H_{03}:\gamma_{11}=\gamma_{12}=\cdots=\gamma_{rs}=0,\\ H_{13}:\gamma_{11},\gamma_{12},\cdots,\gamma_{rs}\text{不全为零}.\end{cases}$$

引入以下记号,SS_T 为总平方和,SS_E 称为误差平方和,SS_A,SS_B 分别称为因素 A、因素 B 的效应平方和:$SS_{A\times B}$ 称为因素 A,B 的交互效应平方和。

$$\begin{aligned}SS_T&=\sum_{i=1}^{r}\sum_{j=1}^{s}\sum_{k=1}^{t}(y_{ijk}-\bar{y})^2\\&=\sum_{i=1}^{r}\sum_{j=1}^{s}\sum_{k=1}^{t}[(y_{ijk}-\bar{y}_{ij.})+(\bar{y}_{i..}-\bar{y})+(\bar{y}_{.j.}-\bar{y})+(\bar{y}_{ij.}-\bar{y}_{i..}-\bar{y}_{.j.}+\bar{y})]^2\\&=\sum_{i=1}^{r}\sum_{j=1}^{s}\sum_{k=1}^{t}(y_{ijk}-\bar{y}_{ij.})^2+st\sum_{i=1}^{r}(\bar{y}_{i..}-\bar{y})^2+rt\sum_{j=1}^{s}(\bar{y}_{.j.}-\bar{y})^2+\\&\quad t\sum_{i=1}^{r}\sum_{j=1}^{s}(\bar{y}_{ij.}-\bar{y}_{i..}-\bar{y}_{.j.}+\bar{y})^2\end{aligned}$$

$$SS_E=\sum_{i=1}^{r}\sum_{j=1}^{s}\sum_{k=1}^{t}(y_{ijk}-\bar{y}_{ij.})^2\qquad SS_B=rt\sum_{j=1}^{s}(\bar{y}_{.j.}-\bar{y})^2$$

$$SS_{A\times B}=t\sum_{i=1}^{r}\sum_{j=1}^{s}(\bar{y}_{ij.}-\bar{y}_{i..}-\bar{y}_{.j.}+\bar{y})^2.$$

即得平方和的分解式:

$$SS_T=SS_E+SS_A+SS_B+SS_{A\times B}$$

可以证明 SS_T,SS_E,SS_A,SS_B 和 $SS_{A\times B}$ 自由度依次是 $rst-1$,$rs(t-1)$,$r-1$,$s-1$,$(r-1)(s-1)$,且当 $\alpha_1=\alpha_2=\cdots=\alpha_r=0$ 为真时,可以证明:

$$F_A=\frac{SS_A/(r-1)}{SS_E/(rs(t-1))}\sim F(r-1,rs(t-1))$$

取显著性水平为 α,得原假设 H_{01} 的拒绝域为:

$$F_A=\frac{SS_A/(r-1)}{SS_E/(rs(t-1))}\geqslant F_\alpha(r-1,rs(t-1))$$

类似地,在显著性水平 α 下,假设 H_{02} 的拒绝域为:

$$F_B=\frac{SS_B/(s-1)}{SS_E/(rs(t-1))}\geqslant F_\alpha(s-1,rs(t-1))$$

类似地,在显著性水平 α 下,假设 H_{03} 的拒绝域为:

$$F_{A\times B}=\frac{SS_{A\times B}/((s-1)(r-1))}{SS_E/(rs(t-1))}\geqslant F_\alpha((r-1),(s-1),rs(t-1))$$

上述结果可汇总成下列方差分析表如表5.4。

表5.4 双因素等重复方差分析表

方差来源	自由度	平方和	均方	F
因素A(组间)	$r-1$	SS_A	$\frac{SS_A}{r-1}$	$F=\frac{SS_A/(r-1)}{SS_E/rs(t-1)}$
因素 B(组间)	$s-1$	SS_B	$\frac{SS_B}{s-1}$	$F=\frac{SS_B/(s-1)}{SS_E/rs(t-1)}$
交互作用	$(r-1)(s-1)$	$SS_{A\times B}$	$\frac{SS_{A\times B}}{(r-1)(s-1)}$	$F=\frac{SS_{A\times B}/(r-1)(s-1)}{SS_E/rs(t-1)}$
随机误差(组内)	$rs(t-1)$	SS_E	$\frac{SS_E}{rs(t-1)}$	
总和	$rst-1$	SS_T		

3. 多因素方差分析

多因素方差分析用来确定根据多个因素划分的不同数据的均值是否相同,如果他们不同,还可以进一步确定是哪一个或几个因素是引起这种差异的原因。

多因素方差分析是两因素方差分析的一般形式,对于三个因素的情形,其模型表达式为:

$$y_{ijkl}=\mu+\alpha_i+\beta_j+\gamma_k+(\alpha\beta)_{ij}+(\alpha\gamma)_{ik}+(\beta\gamma)_{jk}+(\alpha\beta\gamma)_{ijk}+\varepsilon_{ijkl}$$
$$i=1,2,\cdots,r;j=1,2,\cdots,s;k=1,2,\cdots,t,l=1,2,\cdots,u.$$

式中两个连在一起的记号如 $(\alpha\beta)_{ij}$ 表示两个因素之间的交互作用,

$(\alpha\beta\gamma)_{ijk}$ 表示三个因素之间的交互作用。我们可以完全按照两因素方差分析的步骤进行多因素方差分析，其分析过程不再赘述。

4. 多重比较

方差分析可以对若干均值是否相等同时进行检验，看它们之间是否存在显著的区别。如果检验结果拒绝原假设，接受备择假设，仅仅表明接受检验的这几个均值不全相等。至于是哪一个或哪几个均值与其他均值不等，前面所进行的分析并没有告诉答案。如果要对此问题进一步分析，就需要采用一些专门的方法。同时比较任意两个水平均值间有无显著差异的问题通常被称为方差分析中的多重比较。

最小显著性差异法(least Significant Difference，简写为 LSD 法)

在项目四——假设检验中，我们曾讨论过两总体均值之差的检验问题，进行检验的统计量 t 的计算公式为：

$$t=\frac{(\bar{x}_1-\bar{x}_2)-(\bar{\mu}_1-\bar{\mu}_2)}{\sqrt{S_p^2\left(\frac{1}{n_1}+\frac{1}{n_2}\right)}}$$

其自由度为 $df=n_1+n_2$，式中 S_p^2 是依据两个总体中的样本信息计算而得的。

当对多个总体进行比较时需要用方差分析中的 MSE 取代 S_p^2，因为 MSE 是基于 r 个水平中的所有样本观察值计算而得的。于是统计量 t 的计算公式为：

$$t=\frac{(\bar{x}_i-\bar{x}_j)-(\bar{\mu}_i-\bar{\mu}_j)}{\sqrt{MSE\left(\frac{1}{n_i}+\frac{1}{n_j}\right)}}$$

其自由度为 $df=n-r$，其中 n 为全部样本单位数。

如果从各总体中抽取的样本数相同，即 $n_i=n_j\ (i\neq j)$，由上式又可简化为：

$$\mathrm{t}=\frac{(\bar{x}_i-\bar{x}_j)-(\bar{\mu}_i-\bar{\mu}_j)}{\sqrt{MSE\,\frac{2}{n_j}}}$$

根据置信区间进行检验的原理，如果

$$|\bar{x}_i-\bar{x}_j|\geqslant t_{\alpha/2}\sqrt{MSE(\frac{1}{n_i}+\frac{1}{n_j})}$$

则认为 μ_i 与 μ_j 有显著差异，否则可以认为 μ_i 与 μ_j 没有显著差异。

5.3 实验数据

本实验项目选取几组不同的数据进行相应的方差分析。

为调查高校教师的年收入是否存在差异，从华北、中南、西北、华东等 4 个地区各随机选取了 10 位教师组成一个样本，调查结果如表 5.5 所示：

表 5.5 4 个地区 10 位高校教师的年收入(万元)

华 北	中 南	西 北	华 东
6.09	5.08	4.95	6.59
4.59	3.96	4.23	5.86
6.21	4.42	3.55	4.93
6.66	4.00	4.91	5.29
6.80	5.39	5.67	4.85
6.50	4.54	4.14	5.29
4.94	6.11	5.13	5.24
6.23	4.23	4.94	4.81
6.26	3.84	4.21	4.65
5.72	3.83	5.57	4.59

一火箭使用了 4 种燃料(A)，3 种推进器(B)作射程试验，每种燃料与每种推进器的组合各发射火箭 2 次，得到结果如表 5.6 所示

表 5.6 4 种燃料(A)和 3 种推进器(B)的各种组合的火箭射程

	B_1	B_2	B_3
A_1	58.2000	56.2000	65.3000
	52.6000	41.2000	60.8000
A_2	49.1000	54.1000	51.600
	42.8000	50.5000	48.4000
A_3	60.1000	70.9000	39.2000
	58.3000	73.2000	40.7000
A_4	75.8000	58.2000	48.7000
	71.5000	51.0000	41.4000

5.4 单因素方差分析

单因素方差分析是比较两组或多组数据的均值是否相等的一种假设检验法，它返回原假设——各组数据的均值都相等的概率。

函数 **anova1**

格式 p＝anova1(X)

%X 为矩阵，其各列为彼此独立的样本观察值，其元素个数相同，p 为各列均值相等的概率值，若 p 值接近于 0，则原假设受到怀疑，说明至少有一列均值与其余列均值有明显不同。

p＝anova1(X,group)

%X 和 group 为向量且 group 要与 X 对应

p＝anova1(X,group,'displayopt')

% displayopt＝on/off 表示显示与隐藏方差分析表图和盒形图

[p,table]＝anova1(…)

% table 为方差分析表

[p,table,stats]＝anova1(…)

% stats 为分析结果的构造

说明 anova1 函数产生两个图：标准的方差分析表图和盒图。

方差分析表中有 6 列：第 1 列(source)显示：X 中数据可变性的来源；第 2 列(SS)显示：用于每一列的平方和；第 3 列(df)显示：与每一种可变性来源有关的自由度；第 4 列(MS)显示：是 SS/df 的比值；第 5 列(F)显示：F 统计量数值，它是 MS 的比率；第 6 列显示：从 F 累积分布中得到的概率，当 F 增加时，p 值减少。

【例 5.1】 根据表 5.5 中的数据，取显著性水平为 0.05，利用单因素方差分析检验 4 个地区教师的年收入是否相同。

解：在命令窗口输入命令如下：

```
>> X=[6.09  5.08  4.95  6.59
     4.59  3.96  4.23  5.86
     6.21  4.42  3.55  4.93
     6.66  4.00  4.91  5.29
     6.80  5.39  5.67  4.85
     6.50  4.54  4.14  5.29
     4.94  6.11  5.13  5.24
```

```
    6.23  4.23  4.94  4.81
    6.26  3.84  4.21  4.65
    5.72  3.83  5.57  4.59];
>> [p,table,stats]=anova1(X)
```

运行后结果显示如下：

```
p=1.7270e-004
table= 'Source'    'SS'      'df'    'MS'      'F'       'Prob>F'
    'Columns' [12.7100]  [3]  [4.2367] [8.7446] [1.7270e-004]
     'Error'  [17.4416] [36]  [0.4845]   []        []
     'Total'  [30.1516] [39]     []      []        []
stats=gnames: [4x1 char]
          n: [10  10  10  10]
     source: 'anova1'
      means: [6 4.5400 4.7300 5.2100]
         df: 36
          s: 0.6961
```

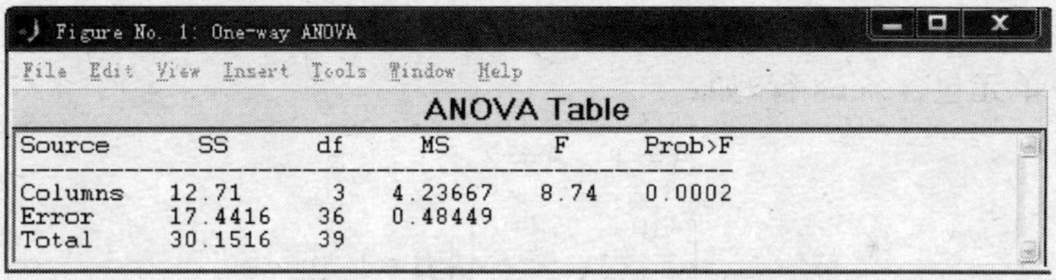

Source	SS	df	MS	F	Prob>F
Columns	12.71	3	4.23667	8.74	0.0002
Error	17.4416	36	0.48449		
Total	30.1516	39			

图 5.1　单因素方差分析 ANOVA 表

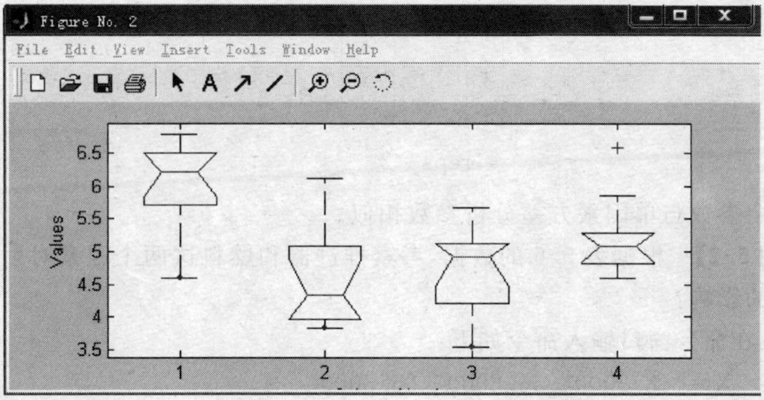

图 5.2　单因素方差分析盒形图

结果说明: p 一值=0.002,小于显著性水平 0.05,拒绝原假设 H_0 四个地区的教师年收入相同,即认为四个地区的教师年收入显著不同。

5.5 双因素方差分析

双因素方差分析是比较数据矩阵两列或多列及两行或多行的均值是否相等的假设检验法,当每个实验单元无重复时,它返回原假设——各列数据的均值都相等和各行数据的均值都相等的概率。当每个实验单元有重复时,还返回原假设——无交互作用的概率。

函数 **anova2**

格式 p=anova2(X,reps)

p=anova2(X,reps,'displayopt')

[p,table]=anova2(…)

[p,table,stats]=anova2(…)

说明 进行平衡的双因素试验的方差分析来比较 X 中两个或多个列(行)的均值,不同列的数据表示因素 A 的差异,不同行的数据表示另一因素 B 的差异。如果行列对有多于一个的观察点,则变量 reps 指出每一单元观察点的数目,每一单元包含 reps 行,如:

$$
\begin{array}{cc}
A=1 & A=2
\end{array}
$$

$$
\begin{bmatrix}
x_{111} & x_{112} \\
x_{121} & x_{122} \\
x_{211} & x_{212} \\
x_{221} & x_{222} \\
x_{311} & x_{312} \\
x_{321} & x_{322}
\end{bmatrix}
\begin{matrix}
\left.\begin{matrix} \\ \end{matrix}\right\} B=1 \\
\left.\begin{matrix} \\ \end{matrix}\right\} B=2 \\
\left.\begin{matrix} \\ \end{matrix}\right\} B=3
\end{matrix}
$$

reps=2

其余参数与单因素方差分析参数相似。

【例 5.2】 根据表 5.6 的数据,考察推进器和燃料这两个因素对射程是否有显著的影响?

解: 在命令窗口输入命令如下:

```
>> X=[58.2000   56.2000   65.3000
      52.6000   41.2000   60.8000
```

```
    49.1000  54.1000  51.6000
    42.8000  50.5000  48.4000
    60.1000  70.9000  39.2000
    58.3000  73.2000  40.7000
    75.8000  58.2000  48.7000
    71.5000  51.0000  41.4000];
>> [p,table,stats]=anova2(X,2)
```

运行后结果如下所示：

```
p=0.0035  0.0260  0.0001
table= 'Source'        'SS'          'df'    'MS'         'F'         'Prob>F'
     'Columns'      [370.9808]       [2]   [185.4904]   [ 9.3939]   [ 0.0035]
     'Rows'         [261.6750]       [3]   [ 87.2250]   [ 4.4174]   [ 0.0260]
     'Interaction'  [1.7687e+003]    [6]   [294.7821]   [14.9288]   [6.1511e-005]
     'Error'        [ 236.9500]      [12]  [19.7458]    []          []
     'Total'        [2.6383e+003]    [23]  []           []          []
stats=source: 'anova2'
    sigmasq: 19.7458
    colmeans: [58.5500  56.9125  49.5125]
      coln: 8
    rowmeans: [55.7167  49.4167  57.0667  57.7667]
      rown: 6
     inter: 1
      pval: 6.1511e-005
        df: 12
```

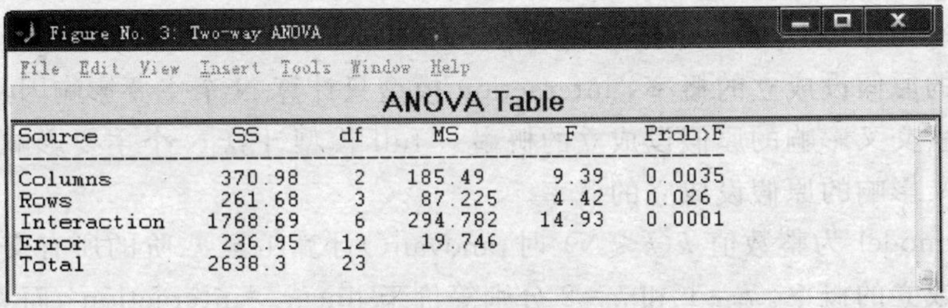

Source	SS	df	MS	F	Prob>F
Columns	370.98	2	185.49	9.39	0.0035
Rows	261.68	3	87.225	4.42	0.026
Interaction	1768.69	6	294.782	14.93	0.0001
Error	236.95	12	19.746		
Total	2638.3	23			

图 5.3 有重复双因素方差分析 ANOVA 表

结果说明：行因素燃料对应的 p－值＝0.026，小于显著性水平 0.05，拒绝原假设 H_{0A}——燃料的类型对火箭的射程影响相同，即认为四种燃料对火箭射程的影响显著不同;列因素推进器对应的 p－值＝0.0035,小于显著性水平 0.05,拒绝原假设 H_{0B}——推进器的类型对火箭的射程影响相同,即认为三种推进器对火箭射程的影响显著不同;燃料与推进器的交互作用对应的 p－值＝0.0001,小于显著性水平 0.05,拒绝原假设 H_{0AB}——无交互作用,即认为燃料与推进器的交互作用显著。

5.6 多因素方差分析

多因素方差分析是比较数据矩阵中对应 N 种不同因素的观察值的均值是否相等。

函数　anovan

格式　p＝anovan(X,group)

%X 中观察值所对应的因素和水平由单元数组 group 指定。对于每个因素(N 个), group 中每个单元(N 个)都包含一个指示 X 中观察值所对应的该因素各水平的列表。每个单元中的列表可以是数组、单元或字符串的单元数据组,它们必须与 X 具有相同的元素个数。输出向量 p 包含对于 N 个主要因素原假设成立的概率值(p－值),元素 $p(1)$包含原假设 H_{0A} 成立的概率值,该假设认为因素 A 各个水平上的样本均来自同一总体;元素 $p(2)$包含原假设 H_{0B} 成立的概率值,该假设认为因素 B 各个水平上的样本均来自同一总体,等等。若 p 值接近于 0,则原假设受到怀疑。若原假设 H_{0A} 成立的概率值充分小,则表明至少有一个 A－样本的均值与其它 A－样本的均值显著不同,即因素 A 对实验结果有显著影响。

p＝anovan(X,group,'model')

%用'model'定义的模型进行 ANOVA 分析。其中'model'可以为'linear','interaction','full',或一个整数或向量。缺省的'linear'模型只计算 N 个主要影响因素的原假设成立的概率,'interaction'模型只计算 N 个主要影响因素和 C_N^2 个双因素交叉影响的原假设成立的概率。'full'模型计算 N 个主要影响因素及所有交叉影响的原假设成立的概率。

当'model'为整数值 $k(k\leqslant N)$ 时,anovan()计算 1 至 k 阶的所有交叉影响原假设成立的概率。$k=1$ 和 $k=2$ 分别等价于'linear','interaction',而 $k=n$ 等价于'full'。

对于主要因素项和交叉项的更精确控制,还可以对'model'赋以向量来实现,对于 ANOVA 模型中的每个主要因素项或交叉项向量中都包含了相应的元素。向量的每个元素对于相应的 ANOVA 项进行编码，编码方式如表 5.7 的例子所示，表中所列有三个因素：

表 5.7 'model'的不同编码及含义

3一位编码	十进制值	对应的 ANOVA 项
[001]	1	主要项 A
[010]	2	主要项 B
[011]	3	主要项 C
[100]	4	交叉项 AB
[101]	5	交叉项 BC
[110]	6	交叉项 AC
[111]	7	交叉项 ABC

例如，如果'model'是向量[2 3 5]，则输出向量 p 包含在主要因素 B 和 C 及交叉影响 BC 上原假设的概率值。

p=anovan(X,group,'model',sstype)

%用由 sstype 定义的平方和形式计算 ANOVA，sstype 可以为 1,2,3，它们分别对应于类型 1、类型 2 或类型 3 的平方和，缺省值为 3。Sstype 的值只影响不平衡数据的计算。

p=anovan(X,group,'model',sstype,gnames)

%用字符数组 gnames 中的字符串来对于 ANOVA 表中的 N 个实验影响因素进行标识。Gnames 可以是字符串矩阵(每个观察值对应 1 行)或单元数组(每个观察值对应于一个元素)。如果 gnames 未指定，则缺省标识为'X1','X2','X3',…,'XN'。

p=anovan(X,group,'model',sstype,gnames,'displayopt')

% displayopt=on/off 表示显示与隐藏方差分析表图

[p,table]=anovan(…)

% 以单元数组的形式返回 ANOVA 表(包括列和行的标识)

[p,table,stats]=anovan(…)

% 返回 stats 结构，利用 stats 可接下来进行多重比较检验。

[p,table,stats,terms]=anovan(…)

% 返回 ANOVA 计算中的主要项和交叉项。

说明 进行不均衡的多因素试验的方差分析，比较数据 X 中对应 N 种不同因素的观察值的均值是否相等。

【例 5.3】 利用 Matlab 自带的数据集 carbig. mat 进行多因素方差分析。数据集 carbig. mat 包含了 406 辆汽车的测量值。分析三个因素：出产地——Origin(A：欧洲、日本或美国)、是否为四缸的——4Cyl(B)及时间——MfgDate(C)对汽车里程的影响是否显著，取显著性水平为 0.05。

解：在命令窗口输入命令如下：

```
>>load carbig          %装载数据
>>whos;
>>factornames={'Origin','4Cyl','MfgDate'};   %三个因素
>>[p,table,stats,terms]=anovan(MPG,{org,cyl4,when},2,
3,factornames)
```

运行后结果显示如下：

```
p=0.0000
      0
      0
  0.6422
  0.0001
  0.3348
table='Source'            'Sum Sq.'       'd.f.' 'Singular?'  'Mean Sq.'        'F'        'Prob>F'
     'Origin'            [532.5813]       [2]    [ 0]       [266.2907]      [ 18.8244]  [1.5887e-008]
     '4Cyl'              [1.7698e+003]    [1]    [0]        [1.7698e+003]   [125.1123]  [0]
     'MfgDate'           [2.8871e+003]    [2]    [0]        [1.4435e+003]   [102.0458]  [ 0]
     'Origin * 4Cyl'     [12.5435]        [2]    [0]        [6.2718]        [0.4434]    [0.6422]
     'Origin * MfgDate'  [350.3555]       [4]    [0]        [87.5889]       [ 6.1918]   [7.7580e-005]
     '4Cyl * MfgDate'    [31.0477]        [2]    [0]        [15.5238]       [1.0974]    [0.3348]
     'Error'             [5.4321e+003]    [384]  [0]        [14.1461]       []          []
     'Total'             [2.4253e+004]    [397]  [0]        []              []          []
stats=source: 'anovan'
    coeffs: [14x1 double]
      Rtr: [14x14 double]
      dfe: 384
      mse: 14.1461
    permvec: [1  4  5  13  7  14  6  3  10  11  2  9  12  8]
      terms: [6x1 double]
    nlevels: [3x1 double]
    termcols: [7x1 double]
terms=1    2    4    3    5    6
```

Figure No. 1: N-Way ANOVA

File Edit View Insert Tools Window Help

Analysis of Variance

Source	Sum Sq.	d.f.	Mean Sq.	F	Prob>F
Origin	532.6	2	266.29	18.82	0
4Cyl	1769.8	1	1769.85	125.11	0
MfgDate	2887.1	2	1443.55	102.05	0
Origin*4Cyl	12.5	2	6.27	0.44	0.6422
Origin*MfgDate	350.4	4	87.59	6.19	0.0001
4Cyl*MfgDate	31	2	15.52	1.1	0.3348
Error	5432.1	384	14.15		
Total	24252.6	397			

Constrained (Type III) sums of squares.

图 5.4　多元方差分析 ANOVA 表

结果说明：第一行表示 p 向量的第一个值，对应因素 A——Origin 影响的假设检验结果，第二行表示 p 向量的第二个值，对应因素 B——4Cyl 影响的假设检验结果，第三行表示 p 向量的第三个值，对应因素 C——MfgDate 影响的假设检验结果，第四行表示 p 向量的第四个值，对应因素 A 与 B 的交互作用影响的假设检验结果，第五行表示 p 向量的第五个值，对应因素 A 与 C 的交互作用影响的假设检验结果，第六行表示 p 向量的第六个值，对应因素 B 与 C 的交互作用影响的假设检验结果。

三因素的方差分析表如图 5.4 所示。由 p 一值可知：它的第 1、第 2、第 3 和第 5 个元素值接近于 0，这说明三个因素以及因素 A 与 C 的交互作用对汽车里程的影响较显著，它的第 4 和第 6 个元素值大于 0.05，这说明因素 A 与 B 的交互作用以及因素 B 与 C 的交互作用对汽车里程的影响不太显著。

5.7　多重比较

函数 multcompare 对均值或其它估计量进行多重比较。

函数　multcompare

格式　c=multcompare(stats)

%利用 stats 结构中的信息进行多重比较检验，返回成对比较的结果矩阵 c，它包含了以 5 列矩阵形式存储的检验结果。矩阵的每一行代表一次检验，每一对均值比较对应一行。行中的数据项表示了正在被比较的均值，均值差的估计值和置信区间。函数 multcompare 同时显示一个表示检验的交互式图形，图中每组的均值用一个符号和符号周围的区间表示。如果两个均值的区间不交叠，说明它们显著不同；如果两个区间交叠，则说明它们不是显著不同的。可以用鼠标选中任何一组，图中其它任何与之显著不同的组将会高亮显示。

c=multcompare(stats,alpha)

%设定 c 矩阵和图形中置信区间的置信度，

c=multcompare(stats,alpha,'displayopt')

%当'displayopt'为'on'时(缺省)显示图形，当'displayopt'为'off'时关闭显示。

c=multcompare(stats,alpha,'displayopt','ctype')

%设定多重比较的关键值'ctype'。'ctype'可以是表 5.8 中的任何值。

表 5.8 'ctype'的不同取值及含义

'ctype'	含 义
'hsd'	使用 Tukey 诚实显著差异准则(缺省)
'lsd'	使用 Tukey 最小显著差异准则
'bonferroni'	在进行 Bonferroni 调整以补偿多重比较之后使用 t 分布的关键值
'dunn-sidak'	与 Bonferroni 方法类似，但与 Bonferroni 方法相比更保守
'schffe'	使用源于 F 分布的 Scheffe 过程的关键值

c=multcompare(stats,alpha,'displayopt','ctype','estimate')

%设定要比较的估计值'estimate'。估计值的允许范围取决于表 5.9 所示的函数类型(结构 stats 来源于这些函数)。

c=multcompare(stats,alpha,'displayopt','ctype','estimate',dim)

%设定要比较的总体临界均值。参数 dim 仅当输入 stats 结构 anovan()函数生成时有用。对于有 n 个因素的 n 元方差分析，dim 可以赋值为一个标量或 1 到 n 之间的整数。缺省值为 1。

[c,m]=multcompare(…)

%返回矩阵 m。m 的第一列包含了均值的估计量(或任何被比较的统计量)，第二列包含了它们的标准差。

[c,m,h]=multcompare(…)

%返回比较图形的句柄。

【例 5.4】 重新研究一下例 5.1 中教师年收入的例子。由 anova1 的输出可以看出，四个不同地区的教师年收入是不同。现在来确定一下这些差异存在哪里。

表 5.9 'estimate'的允许范围

数据源	估计值的允许值('estimate')
'anova1'	忽略。常比较组均值
'anova2'	或为'column'(缺省)或为'row'以比较列或行均值
'anovan'	忽略。常比较由参数 dim 设定的总体临界均值
'aoctool'	或为'slope','intercept'或为'pmm',以比较斜率、截距或总体临界均值。如果协方差模型不包含分开的斜率,则'slope'不允许
'friedman'	忽略。常比较平均列排序值
'kruskalwallis'	忽略。常比较平均行排序值

解:首先输入数据进行单因素方差分析,结果中有一个结构,再用它来作为 multcompare 的输入,操作如下所示

```
>> X=[6.09   5.08   4.95   6.59
4.59   3.96   4.23   5.86
6.21   4.42   3.55   4.93
6.66   4.00   4.91   5.29
6.80   5.39   5.67   4.85
6.50   4.54   4.14   5.29
4.94   6.11   5.13   5.24
6.23   4.23   4.94   4.81
6.26   3.84   4.21   4.65
5.72   3.83   5.57   4.59];
>> [p,table,stats]=anova1(X);
>> c=multcompare(stats)
```

运行结果如下:

```
c=1.0000   2.0000    0.6216    1.4600   2.2984
  1.0000   3.0000    0.4316    1.2700   2.1084
  1.0000   4.0000   -0.0484    0.7900   1.6284
  2.0000   3.0000   -1.0284   -0.1900   0.6484
  2.0000   4.0000   -1.5084   -0.6700   0.1684
  3.0000   4.0000   -1.3184   -0.4800   0.3584
```

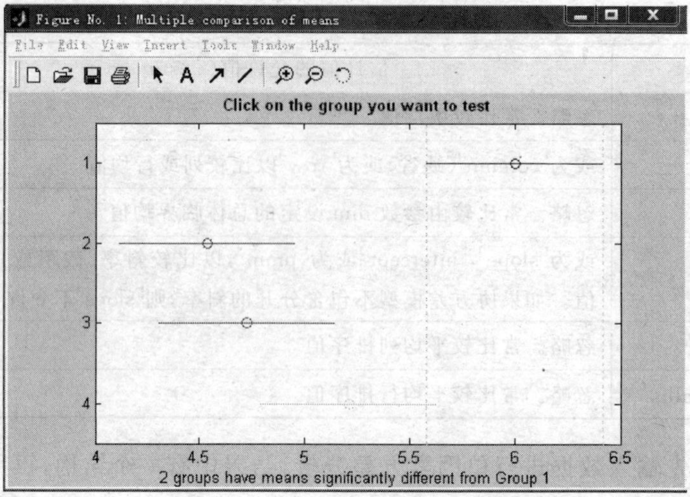

图 5.5　教师年收入的多重比较图

结果说明：输出矩阵的第 1 行和第 2 行显示包括华北地区的两个比较都有不包含 0 的置信区间，也就是说华北地区与中南地区的教师年收入差异显著，华北地区与西北地区的教师年收入差异显著。

输出矩阵的第 3 行至第 6 行显示两种地区教师年收入的差异是不显著的，其差异的 95%的置信区间均包含 0 在内，因此我们不能拒绝真实差异为 0 的假设。图 5.5 也显示了这些信息。

5.8　案例分析

Matlab 自带的数据集 carbig. mat 包含了 406 辆汽车的测量值。利用数据集 carbig. mat 进行方差分析和多重比较。

1. 请分析出产地——Origin(A:欧洲、日本或美国)对汽车行驶里程的影响是否显著，取显著性水平为 0.05；若出产地对汽车行驶里程有显著影响，请进行多重比较确定哪些产地的汽车行驶里程显著不同。

2. 分析两个因素：是否为四缸的——4Cyl(B)和时间——MfgDate(C)对汽车里程的影响是否显著，取显著性水平为 0.05。

3. 分析三个因素：出产地——Origin(A:欧洲、日本或美国)、是否为四缸的——4Cyl(B)及时间——MfgDate(C)对汽车里程的影响是否显著，取显著性水平为 0.05。

解:在命令窗口输入命令如下:

```
>>load carbig                %装载数据
>>factornames={'Origin'};    %一个因素
>>[p,table,stats]=anovan(MPG,{org})
>>c=multcompare(stats)
>>factornames={'4Cyl','MfgDate'};    %二个因素
>>p=anovan(MPG,{cyl4,when},2,3,factornames)
>>factornames={'Origin','4Cyl','MfgDate'};    %三个因素
>>[p,table,stats,terms]=anovan(MPG,{org,cyl4,when},2,3,factornames)
```

运行后结果显示如下:

```
p=0
table=Columns 1 through 7
  p=0
  table=Columns 1 through 7
  'Source'  'Sum Sq.'  'd.f.'  'Singular?'  'Mean Sq.'  'F'  'Prob>F'
  'X1'  [8.0728e+003]  [2]  [0]  [4.0364e+003]  [98.5418]  [0]
  'Error'  [1.6180e+004]  [395]  [0]  [40.9614]  []  []
  'Total'  [2.4253e+004]  [397]  [0]  []  []  []
  stats=source:'anovan'
    coeffs:[3x1 double]
      Rtr:[3x3 double]
      dfe:395
      mse:40.9614
    permvec:[1 2 3]
      terms:1
      nlevels:3
      termcols:[2x1 double]
c=1.0000  2.0000  -12.3040  -10.3671  -8.4302
  1.0000  3.0000  -9.8371   -7.8079   -5.7786
  2.0000  3.0000  0.0970    2.5592    5.0214
p=0       0  0.8493
p=0.0000  0  0  0.6422  0.0001  0.3348
```

```
table='Source'  'Sum Sq.'  'd. f.'  'Singular?'  'Mean Sq.'  'F'  'Prob>F'
        'Origin'  [ 532.5813]  [2]  [0]  [266.2907]  [18.8244]  [1.5887e-008]
        '4Cyl'  [1.7698e+003]  [1]  [0]  [1.7698e+003]  [125.1123]  [0]
        'MfgDate'  [2.8871e+003]  [2]  [0]  [1.4435e+003]  [102.0458]  [0]
        'Origin * 4Cyl'  [12.5435]  [2]  [0]  [6.2718]  [0.4434]  [0.6422]
        'Origin * MfgDate'[350.3555]  [4]  [0]  [87.5889]  [ 6.1918]  [7.7580e-005]
        '4Cyl * MfgDate'  [31.0477]  [2]  [0]  [15.5238]  [1.0974]  [ 0.3348]
        'Error'  [5.4321e+003]  [384]  [0]  [14.1461]  []  []
        'Total'  [2.4253e+004]  [397]  [0]  []  []  []
stats=source:'anovan'
      coeffs:[14x1 double]
        Rtr:[14x14 double]
        dfe:384
        mse:14.1461
  permvec:[1  4  5  13  7  14  6  3  10  11  2  9  12  8]
        terms:[6x1 double]
      nlevels:[3x1 double]
      termcols:[7x1 double]
terms=1  2  4  3  5  6
```

结果说明：根据单因素方差分析输出结果和产地对汽车行驶里程的方差分析表(图 5.6)中可知 p-值等于 0，小于显著性水平 0.05，则我们应拒绝原假设，即认为汽车产地这个因素对汽车行驶里程有显著影响；通过多重比较分析结果矩阵和图 5.7 可知，欧洲、日本和美国生产的汽车行驶里程都不相同。根据双因素方差分析输出结果和方差分析表(图 5.8)可知，是否为四缸和时间对应的 p-值都为 0，表示这两种因素都对影响汽车行驶里程有显著影响，但两者的交互作用对应的 p-值=0.8493，表示是否为四缸和时间的交互作用对汽车行驶里程的影响不显著。根据三因素方差分析输出结果和方差分析表(图 5.9)可知，产地、是否为四缸和时间对应的 p-值都等于 0，表示这三个因素都对汽车行驶里程有显著的影响，产地和时间的交互作用对应的 p-值=0.0001，小于显著性水平 0.05，表示产地和时间的交互作用对汽车行驶里程有显著影响，但产地和是否为四缸、是否为四缸和时间的交互作用对应的 p-值均大于 0.05，则认为产地和是否为四缸、是否为四缸和时间的交互作用对汽车行驶里程的影响均不显著。

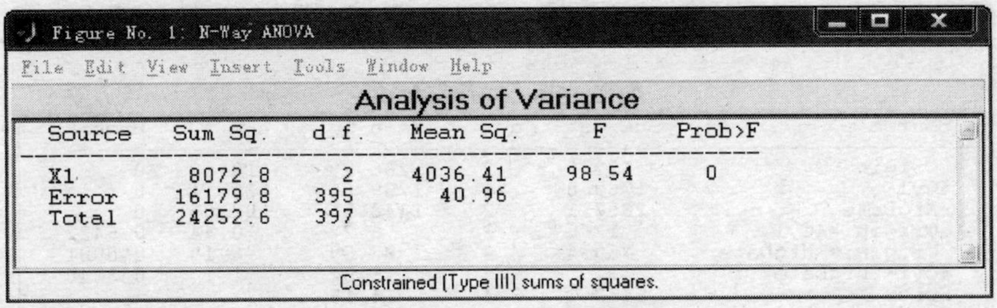

Figure No. 1: N-Way ANOVA

Analysis of Variance

Source	Sum Sq.	d.f.	Mean Sq.	F	Prob>F
X1	8072.8	2	4036.41	98.54	0
Error	16179.8	395	40.96		
Total	24252.6	397			

Constrained (Type III) sums of squares.

图 5.6　产地对汽车行驶里程影响的单因素方差分析 ANOVA 表

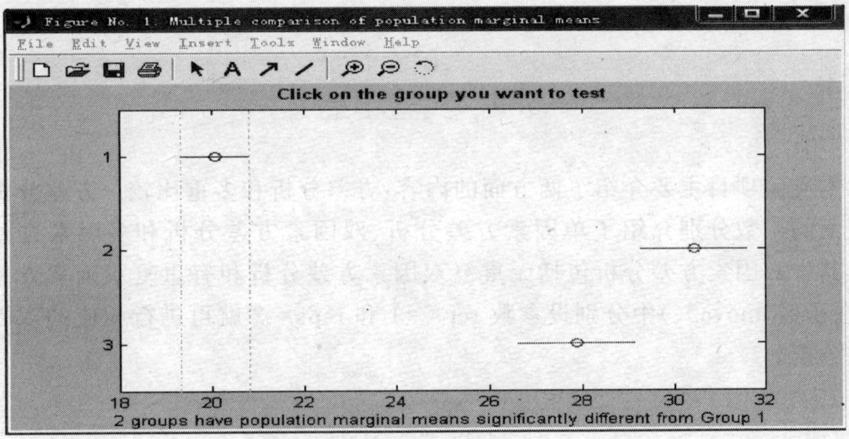

图 5.7　汽车行驶里程的多重比较图

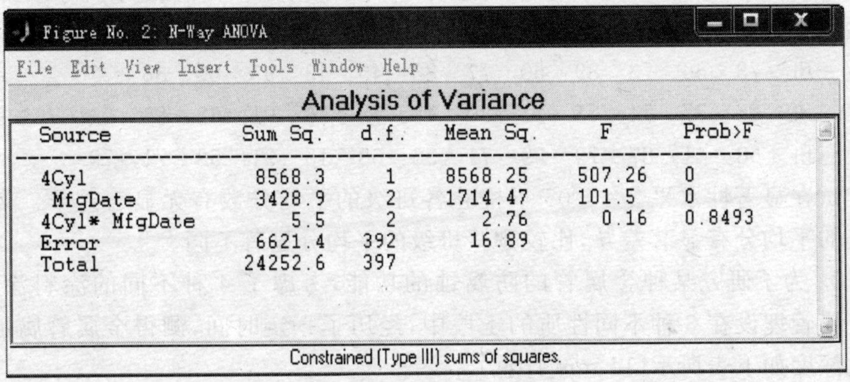

Figure No. 2: N-Way ANOVA

Analysis of Variance

Source	Sum Sq.	d.f.	Mean Sq.	F	Prob>F
4Cyl	8568.3	1	8568.25	507.26	0
MfgDate	3428.9	2	1714.47	101.5	0
4Cyl* MfgDate	5.5	2	2.76	0.16	0.8493
Error	6621.4	392	16.89		
Total	24252.6	397			

Constrained (Type III) sums of squares.

图 5.8　是否为四缸的及时间对汽车行驶里程影响的 ANOVA 表

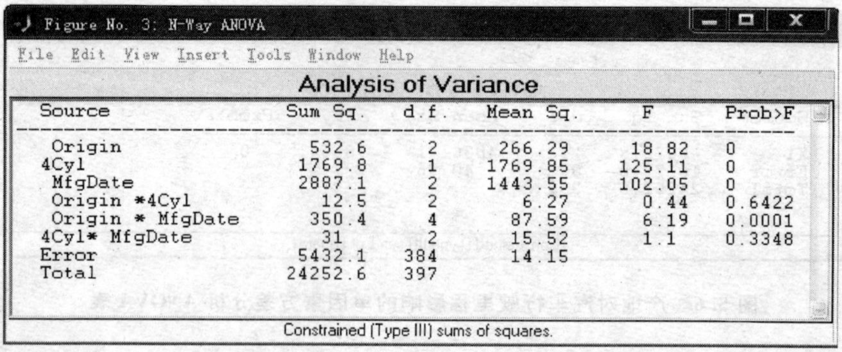

Analysis of Variance

Source	Sum Sq.	d.f.	Mean Sq.	F	Prob>F
Origin	532.6	2	266.29	18.82	0
4Cyl	1769.8	1	1769.85	125.11	0
MfgDate	2887.1	2	1443.55	102.05	0
Origin *4Cyl	12.5	2	6.27	0.44	0.6422
Origin * MfgDate	350.4	4	87.59	6.19	0.0001
4Cyl* MfgDate	31	2	15.52	1.1	0.3348
Error	5432.1	384	14.15		
Total	24252.6	397			

Constrained (Type III) sums of squares.

图 5.9 产地、是否为四缸的及时间对汽车行驶里程影响的 ANOVA 表

5.9 实验小结

本实验项目主要介绍了两方面的内容：方差分析和多重比较。方差分析根据因素的个数分别介绍了单因素方差分析、双因素方差分析和多因素方差分析。其中双因素方差分析包括无重复双因素方差分析和有重复双因素方差分析，在函数 anova2()中分别设参数 reps＝1 和 reps＝2 就可进行相应的双因素方差分析。

5.10 练习题

1. 一个年级有三个小班，他们进行了一次数学考试。现从各个班级随机地抽取了一些学生，记录其成绩如下：

一班	73	66	73	89	60	77	82	45	43	93	80	36			
二班	88	77	74	78	31	80	48	78	56	91	62	85	51	76	96
三班	68	41	87	79	59	71	56	68	15	91	53	71	79		

试在显著性水平 $\alpha=0.05$ 下检验各班级的平均分数有无显著差异。若个班级的平均分有显著差异，比较哪些班级的平均分显著不同。

2. 为了研究某种金属管的防腐蚀的功能，考虑了 4 种不同的涂料涂层。将金属管埋设在 3 种不同性质的土壤中，经历了一定时间，测得金属管腐蚀的最大深度如下表所示(以 mm 计算)

	土壤类型(因素 B)		
	1	2	3
涂层(因素 A)	1.63	1.35	1.27
	1.34	1.30	1.22
	1.19	1.14	1.27
	1.30	1.09	1.32

试取水平 $\alpha=0.05$ 检验在不同涂层下腐蚀的最大深度的平均值有无显著差异,在不同土壤下腐蚀的最大深度的平均值有无显著差异?若 4 种不同涂料涂层防腐蚀功能显著不同,比较哪几种涂料涂层的防腐能力显著不同。

项目 6

非参数秩检验

6.1 实验目的

在数理统计中，若我们事先关于总体分布族只有很少的信息，不便对总体分布的形式作具体的假定而根据样本作出统计推断的方法称为非参数方法。非参数方法经常应用于参数方法不适合的情形，通常该类方法对数据的测量水平没有很严格的假设，对样本数据服从的概率分布形式的假定也比较少，所以一般情况下非参数方法比参数方法适用性更强。非参数秩方法是基于样本秩的非参数统计推断方法，不但应用广泛，而且计算简单易行，所需数学理论相对较少，除了适用于间隔或者比率数据外，还适用于名义数据和顺序数据。该方法发展较全面，常用的方法有：Wilcoxon 秩和检验、Smirnov 检验、符号检验、Wilcoxon 符号秩检验、Kruskal-Wallis 检验和 Friedman 检验。本试验项目旨在使学生利用 Matlab 7.0 的工具箱进行 Wilcoxon 秩和检验、Smirnov 检验、符号检验、Wilcoxon 符号秩检验、Kruskal-Wallis 检验和 Friedman 检验。

6.2 实验原理

1. 两种处理方法比较的秩检验

在实际应用中我们有时需要比较两种不同方法的优劣问题，秩方法是解决此类问题的一种有效方法，尤其是对于那些来自非正态总体或者不能从数量上精确度量的数据资料，秩方法具有其独特的优越性。

(1) Wilcoxon 秩和检验

Wilcoxon 秩和检验是一种用于确定两总体之间是否存在差异的非参数方

法，它使用的是两个独立样本，其中每个样本来自不同的总体。该检验对数据的唯一要求是数据的测量尺度至少是顺序的。还有，Wilcoxon 秩和检验确定的是两个总体分布是否相同，而不是检验两个总体均值间的差异。一个总体的分布函数为 $F(x)$，其样本 $X_1, X_2, \cdots, X_m$ 相互独立同分布；另一个总体的分布函数为 $G(x)$，其样本 $Y_1, Y_2, \cdots, Y_n$ 相互独立同分布，$F(x)$，$G(x)$ 连续。若并不需要知道一个随机变量是否比另一个大，而只关心他们是否不同，则进行双侧检验。此时，Wilcoxon 秩和检验的假设如下：

$H_0: F(x) \equiv G(x)$

$H_1: F(x)$ 与 $G(x)$ 至少在某些点上不相等。

将 $X_1, X_2, \cdots, X_m$；$Y_1, Y_2, \cdots, Y_n$ 共 $m+n$ 个随机变量一起排序，产生对应的秩

$$R = (Q_1, \cdots, Q_m; R_1, \cdots, R_n)$$

Wilcoxon 统计量为

$$W = \sum_{i=1}^{n} R_i$$

即 $Y_1, Y_2, \cdots, Y_n$ 在混合样本中的秩的和，通常称为 Wilcoxon 秩和统计量。当备择假设 H_1 为真时，W 的值应该较小或较大。从而对上述检验问题可用统计量 W 构成否定域。否定域形式为 $W \leqslant c_1$ 或 $W \geqslant c_2$，其中 c_1、c_2 可通过查表得到。若利用 p 一值进行检验，设 W 的观测值为 w，计算 $P_{H_0}(W \leqslant w)$ 或 $P_{H_0}(W \geqslant w)$ 的值，又对称性可知，检验的 p 一值为上述两概率中小于 $\frac{1}{2}$ 的那一个的 2 倍。求出 p 一值后，若 $p < \alpha$，拒绝 H_0，否则接受 H_0。

(2)Smirnov 检验

在 Wilcoxon 秩和检验中，无论是进行单侧检验还是双侧检验，实际上我们均假定了若 H_0 不真，则两个总体中的个体或两种不同方法使得两组中个体的效果度量值或秩趋于分离。但对于描述观测值分散性的备择假设，Wilcoxon 秩和检验统计量是无能为力的。因为即使一组数据的分散性很小，另一组的分散性很大，但这两组观测值的秩和可能很接近，Wilcoxon 秩和检验便不能区分这种差异。而 Smirnov 检验能较灵敏地反映两种方法处理效果的各种差异，即我们不希望了解其差异的具体形式，而旨在体现差异的存在，Smirnov 检验便是符合此要求的一个有效的检验方法。这时备择假设为：

$H_1: F(x)$ 与 $G(x)$ 有显著差异。

其中包括了各种形式的差异，当然也包括使各组个体的秩趋于分离的情况。

若我们将两组中个体的效果度量值描在数轴上，当 H_0 为真时，则这两组观测值在数轴上的分布情况应比较接近。而经验分布函数能较好地反映一组数据的分布情况，若两总体中各个体的效果度量值满足 $x_1<x_2<\cdots<x_n$ 及 $y_1<y_2<\cdots<y_m$，记这两组观测值分布的经验分布函数分别为 $F_n(x)$ 和 $G_n(x)$，则 $F_n(x)$ 和 $G_n(x)$ 的差异反映了两组观测值分布的差异。定义统计量

$$D_{m,n}=\max_x|G_m(x)-F_n(x)|$$

若 H_0 为真，则 $D_{m,n}$ 的值不应过大。较大的 $D_{m,n}$ 在一定程度上反映了两组数据的某些差异，因此拒绝域的形式为

$$D_{m,n}\geqslant c$$

其中 c 由 $P_{H_0}(D_{m,n}\geqslant c)=\alpha$ 确定，α 为显著性水平。该检验称为 Smirnov 检验。

2. 成对分组下两种处理方法比较的假设检验

前述两种方法都是采用两个独立样本来比较两种不同方法的优劣问题，但由于随机性，可能两组样本中的个体在接受各方法的试验前就存在较大的差异，这种非齐性会掩盖各方法的处理效果，因此会使得检验的有效性变差。要解决这一非齐性的问题，可采用匹配样本，即将给定的个体分为若干小组，使得每一小组的各个体的差异较小，这样的小组称为齐性组，然后再将齐性组的个体随机分为两部分分别接受两种方法的试验，得到的试验数据称为匹配样本数据，也称为成对数据，用以检验两种方法的处理效果是否有差异。

(1)符号检验

符号检验在实际中常用于对比试验效果。在匹配试验中，设 X 是一种方法的试验结果，Y 是另一种方法的试验结果，要判断两种方法的效果有无差异，常常研究随机变量 $Y-X$。若两种方法的效果无差异，则 X 与 Y 的地位相同，$Y-X$ 与 $X-Y$ 有相同的分布。$Y-X$ 的分布关于 0 点对称，因而有 $F(0)=1/2$。以 $Y_1-X_1,\cdots,Y_n-X_n$ 为样本，检验：

$$H_0:F(0)=1/2,H_1:F(0)\neq 1/2$$

检验统计可取为 $S_n=\sum_{i=1}^{n}\psi(Y_i-X_i)$，即为 $Y_1-X_1,\cdots,Y_n-X_n$ 中取正号的个数，其中：$\psi(x)=\begin{cases}1 & 当\ x>0\\0 & 当\ x\leqslant 0\end{cases}$。

当 H_0 为真时，S_n 的分布是参数为 n 和 $\frac{1}{2}$ 的二项分布 $B(n,\frac{1}{2})$。可确定

c_1和 c_2使 $P(S_n \leqslant c_1) \leqslant \alpha/2$，$P(S_n \geqslant c_2) \leqslant \alpha/2$，拒绝域为$\{0,1,2,\cdots,c_1\} \cup \{c_2, c_2+1,\cdots,n\}$。

(2)Wilcoxon 符号秩检验

在符号检验中，各 $Y_i - X_i$ 的具体数值在统计量 S_n 中都丢弃了，我们仅仅利用了 n 对个体的处理效果差异的符号，而并没有考虑这种差异的大小，所以损失了过多的样本信息。为此提出了 Wilcoxon 符号秩检验，它是符号检验的改进，即若所研究的两种方法的处理效果可以用数值度量，该方法除了考虑这 n 对数据中各对之差的符号外，还考虑了差值的大小。

Wilcoxon 符号秩检验的统计量为：

$$W^{+} = \sum_{i=1}^{n} \psi(Y_i - X_i) R_i$$

其中 R_i 为 $|Y_i - X_i|$ 在$(|Y_1 - X_1|,\cdots,|Y_n - X_n|)$中的秩，$\psi(x) = \begin{cases} 1 & \text{当 } x>0 \\ 0 & \text{当 } x\leqslant 0 \end{cases}$。

与符号检验相类似，当 $W^{+} \geqslant c$ 或 $W^{+} \leqslant d$ 时，拒绝原假设 $H_0: F(x) = G(x)$。

3. 多处理方法比较的秩检验

前面的 Wilcoxon 秩和检验和 Smirnov 检验用于比较两个总体或两个方法的处理效果是否相同，对于 3 个或更多总体的情形，我们采用 Kruskal-Wallis 秩检验，这是一个检验各方法的处理效果有无显著差异的一个常用的非参数秩方法。非参数的 Kruskal-Wallis 秩检验可用于顺序数据，或者间隔和比率数据，并且不要求总体分布为正态分布。虽然方差分析也可用于检验 3 个或 3 个以上总体均值的相等性，但它要求数据是间隔或比率的，而且所有总体服从正态分布。若对于来自于 3 个或 3 个以上总体的样本数据的测量尺度至少是顺序的，只要总体分布正态性的假设存在问题，Kruskal-Wallis 秩检验就是一种可用于检验总体是否相同的替代统计方法。

Kruskal-Wallis 秩检验的假设如下：

H_0：各种处理方法的效果无显著差异，H_1：并非所有处理方法的效果都无显著差异

检验统计量为：

$$W = \left[\frac{12}{n(n+1)} \sum_{i=1}^{k} \frac{R_i^2}{n_i}\right] - 3(n+1)$$

其中 k 为处理方法的个数；n_i为样本 i 中的个体数；n 为所有样本的个体数；

R_i为样本 i 的秩和。

Kruskal 和 Wallis 已经证明，在各个总体相同的原假设下，W 的抽样分布可近似服从自由度为 $k-1$ 的 χ^2分布。若每个样本的容量都大于或等于 5，则这种近似可以被普遍接受的。若这个统计量的值非常大，总体相同的原假设将被拒绝。因此，该检验为右侧检验。拒绝域为 $W \geqslant c$，其中 c 由 $P_{H_0}(W \geqslant c)=\alpha$ 确定。

4. 分组设计下多种处理方法比较的秩检验

我们将成对分组设计下两种处理方法的比较思想推广到 s（$s \geqslant 3$）种处理方法的比较问题中去，即将给定的个体分为每组包含 s 个个体的齐性组，通过考察每个小组中的处理效果，以比较这 s 种方法有无显著差异。Friedman 检验是一种分组设计下多种处理方法比较的统计方法。

Friedman 检验的假设如下：

$$H_0\text{：各种处理方法的效果无显著差异，}$$

对于原假设 H_0，有多种形式的备择假设，若我们主要考虑各种方法的处理效果使各个体的效果度量趋于增加或减少，即若 s 种处理方法彼此有差异，则各方法的处理效果使得个体的度量值按大小有一个排序。

我们以各组中个体的秩为基础，构造检验统计量

$$Q=\frac{12}{ns(s+1)}\sum_{i=1}^{s} R_{i+}^2-3n(s+1)$$

其中 s 为处理方法的个数；n 为第 i 种方法试验的个体数；R_{i+} 为第 i 种方法试验结果的秩和。

在原假设 H_0成立的条件下，当 $ns \to \infty$ 时，Q 的渐近分布是自由度为 $s-1$ 的 χ^2分布。若原假设 H_0不真，则 Q 有偏大的趋势，因此拒绝域形式为 $Q \geqslant c$，其中 c 由 $P_{H_0}(Q \geqslant c)=\alpha$ 确定。

6.3　实验数据

本实验项目选取几组不同的数据进行相应的非参数秩检验。

某商店为了确定向公司 A 或公司 B 购买某种商品，将 A 和 B 公司以往的各次进货的次品率进行比较，数据如下所示，设两样本独立。问两公司的商品的质量有无显著差异。设两公司的商品的次品的密度最多只差一个平移，取 $\alpha=0.05$。如表 6.1 所示。

表 6.1 A 和 B 公司以往各次进货的次品率

A 公司	7.0	3.5	9.6	8.1	6.2	5.1	10.4	4.0	2.0	10.5			
B 公司	5.7	3.2	4.1	11.0	9.7	6.9	3.6	4.8	5.6	8.4	10.1	5.5	12.3

某医院外科用两种手术方法治疗情况基本相同的肝癌患者 11 例。患者采用随机方法分配到不同手术组。每例手术后生存月数如表 6.2 所示。

表 6.2 两种手术方法术后生存月数

甲方法	2	3	5	6	12	
乙方法	3	7	8	8	10	11

经两种处理方法处理以后的小麦,分别种在 8 对地块上,收成如表 6.3 所示。

表 6.3 两种处理方法处理后的小麦 8 块地上的收成

处理 A	209	200	177	169	159	169	187	198
处理 B	151	168	147	164	166	163	176	188

在一成对实验中,用两种饲料喂养的猪的增重(磅)数据如表 6.4 所示

表 6.4 两种饲料喂养的猪的增重数据

饲料 A	25	30	28	34	23	25	27	35	30	28	32	29	30	30	31	29	23	26
饲料 B	19	32	21	34	19	25	25	31	31	26	30	25	29	31	25	25	20	25

某城市有四家职业培训机构,政府部门打算确定这四家机构的培训质量是否不同,抽出 20 名待岗人员参加这四家机构的培训课程组成样本,然后将这些人员的职业技能进行排秩。结果如表 6.5 所示

表 6.5 20 名人员的职业技能秩

培训机构	职业技能的秩				
1	3	14	10	12	13
2	2	7	1	5	11
3	19	16	9	18	17
4	20	4	15	6	8

为了研究四种不同药品对治疗咳嗽的效果是否相同,有 7 位患者参加了试验。每位患者在指定的不连续的 4 天内随机地服用这四种药品,记录这 7 位患

者在这 4 天内咳嗽的次数如表 6.6 所示。

表 6.6　位患者服四种不同药物后相应 4 天内咳嗽的次数

患者	药品 A	B	C	D
1	251	207	167	301
2	126	180	104	120
3	49	123	63	186
4	45	85	147	100
5	233	232	236	250
6	291	208	158	183
7	1385	1204	1611	1913

6.4　两种处理方法比较的秩检验

6.4.1　Wilcoxon 秩和检验

利用函数 ranksum 对两个独立样本所来自的总体分布是否相同进行非参数秩和检验。

函数　ranksum

语法　p＝ranksum(x,y,alpha)

%x、y 为两个总体的样本,可以不等长,alpha 为显著性水平

[p,h]＝ranksum(x,y,alpha)

% h 为检验结果,h＝0 表示 X 与 Y 的总体差别不显著 h＝1 表示 X 与 Y 的总体差别显著

[p,h,stats]＝ranksum(x,y,alpha)

%还返回一个包含域 stats. ranksum 的结构,stats. ranksum 的值等于秩和统计量的值。对于大样本还返回域 stats. zval,stats. zval 是用来计算 p 的正态(Z)统计量的值。

说明　p 为两总体样本 X 和 Y 为一致的显著性概率,若 p 小于显著性水平 α,则不一致较明显。

【例 6.1】　根据表 6.1 中的数据,利用 Wilcoxon 秩和检验法检验两公司的商品的质量有无显著差异。

解:在命令窗口输入数据和命令如下:

```
>> A=[7.0 3.5 9.6 8.1 6.2 5.1 10.4 4.0 2.0 10.5];
>> B=[5.7 3.2 4.1 11.0 9.7 6.9 3.6 4.8 5.6 8.4 10.1 5.5 12.3];
>> [p,h,stats]=ranksum(A,B,0.05)
```

运行结果为：

```
p=
    0.8041
h=
    0
stats=
    zval: -0.2481
  ranksum: 116
```

结果说明：一方面，两样本总体均值相等的概率为 0.8041，大于显著性水平 0.05，接受原假设 H_0；另一方面，$h=0$ 也说明可以接受原假设 H_0，即认为两个公司的商品的质量无明显差异。

6.4.2 Smirnov 检验

利用函数 kstest2 对两个独立样本所来自的总体分布是否相同进行 Smirnov 检验。

函数 kstest2

语法 h=kstest2 (x,y,alpha,tail)

%x、y 为两个总体的样本，可以不等长，alpha 为显著性水平，tail 为检验类型。tail=0，表示双侧检验，备择假设为 $F(x)\neq G(x)$，tail=1 表示上侧检验，备择假设为 $F(x)>G(x)$，tail=-1 表示下侧检验，备择假设为 $F(x)<G(x)$。

[h,p]=kstest2 (x,y,alpha,tail)

%p 表示两总体 X 和 Y 分布相同的显著性概率。

[h,p,KSSTAT]=kstest2 (x,y,alpha,tail)

%还返回相应备择假设的 Smirnov 检验统计量的值。

说明 $h=0$ 表示在显著性水平 α 下，不能拒绝原假设 $F(x)=G(x)$；$h=1$ 表示在显著性水平 α 下，拒绝原假设 $F(x)=G(x)$。

【例 6.2】 根据表 6.2 中的数据，利用 Smirnov 检验比较两种手术方法的术后生存月数是否存在差别。

解：在命令窗口输入数据和命令如下：

```
>> A=[2  3  5  6  12];
```

```
>> B=[3  7  8  8  10  11];
>> [h,p,KSSTAT]=kstest2(A,B,0.05,0)
```

运行结果为：

```
h=
   0
p=
   0.1330
KSSTAT=
         0.6333
```

结果说明：一方面，$h=0$ 说明可以接受原假设 H_0，即认为两种手术的治疗效果无显著差异；另一方面，两样本所对应的总体分布相同的概率为 0.1330，大于显著性水平 0.05，也可认为两种手术的治疗效果无显著差异。

6.5 成对分组下两种处理方法比较的假设检验

6.5.1 符号检验

利用函数 signtest 对匹配样本中位数是否相等进行假设检验。

函数 signtest

格式 p=signtest(X, Y, alpha)

% X、Y 为两个总体的样本，长度必须相同，alpha 为显著性水平，p 两个样本 X 和 Y 的中位数相等的概率，p 接近于 0 则可对原假设质疑。

[p,h]=signtest(X, Y, alpha)

% h 为检验结果：h=0 表示 X 与 Y 的中位数之差不显著，h=1 表示 X 与 Y 的中位数之差显著。

[p,h,stats]=signtest(X,Y,alpha)

% stats 中 sign 为符号统计量的值。

【例 6.3】 根据表 6.3 中的数据，利用 signtest 检验比较经两种处理方法处理以后 8 对地块上的小麦收成是否有差异。

解：在命令窗口输入数据和命令如下：

```
>> A=[209  200  177  169  159  169  187  198];
>> B=[151  168  147  164  166  163  176  188];
>> [p,h,stats]=signtest(A,B,0.05)
```

运行结果如下：

p＝

0.0703

h＝

0

stats＝

sign：1

结果说明：一方面，$h=0$ 说明可以接受原假设 H_0，即认为两种处理方法效果无显著差异；另一方面，两样本所对应的总体分布中位数相同的概率为0.0703，大于显著性水平0.05，也可认为两种处理方法效果无显著差异。

6.5.2 Wilcoxon 符号秩检验

利用函数 signrank 对匹配样本中位数是否相等进行检验。

函数 signrank

格式 p＝signrank(X,Y,alpha)

％X、Y为两个总体的样本，长度必须相同，alpha为显著性水平，p两个样本X和Y的中位数相等的概率，p接近于0则可对原假设质疑。

[p,h]＝signrank(X,Y,alpha)

％h为检验结果：h＝0表示X与Y的中位数之差不显著，h＝1表示X与Y的中位数之差显著。

[p,h,stats]＝signrank(x,y,alpha)

％stats中包括：signrank为符号秩统计量的值以及zval为过去计算p的正态统计量的值。

【例6.4】 根据表6.4中的数据，利用Wilcoxon符号秩检验函数signrank检验两种饲料养猪的效果是否相同。

解：在命令窗口输入数据和命令如下：

```
>>A=[25 30 28 34 23 25 27 35 30 28 32 29 30 30 31 29 23 26];
>>B=[19 32 21 34 19 25 25 31 31 26 30 25 29 31 25 25 20 25];
>> [p,h,stats]=signrank(A,B,0.05)
```

运行结果如下：

```
p=0.0033
h=1
stats=zval: -2.9368
```

signedrank：11.5000

结果说明：一方面，$h=1$ 说明可以拒绝原假设 H_0，即认为两种饲料喂养效果有显著差异；另一方面，两样本所对应的总体分布中位数相同的概率为 0.0033，小于显著性水平 0.05，也可认为两种饲料喂养效果有显著差异。

6.6 多处理方法比较的秩检验

Kruskal-Wallis 检验是一种适用于单因素方差分析的非参数方法。该检验假设观测值来自连续分布，但不一定是正态分布。检验使用数据值的秩进行方差分析，而不是使用数据本身。利用函数 kruskalwallis 对 3 个或 3 个以上的独立样本是否均来自相同的总体或来自具有相同均值或中位数的不同总体进行检验。

函数　kruskalwallis

格式　p＝kruskalwallis (X)

％ X 为 $m\times k$ 矩阵，其中每列代表一个包含 m 个相互独立的观察值的独立样本，p 为 k 个独立样本来自相同总体的概率，p 接近于 0 则可对原假设质疑，表明至少有一个样本的均值或中位数与其它样本的均值或中位数显著不同。

p＝kruskalwallis (X,group)

％用 group 中的值标识盒状图中 X 的各样本(当 X 为矩阵时)。group 的各行包含 X 中相应各列的标识，因此 group 的长度必须与 X 的列数相同。

p＝kruskalwallis (X,group,'displayopt')

％当'displayopt'为'on'时(缺省)显示 ANOVA 表和盒形图，当'displayopt'为'off'时关闭显示。

[p,table]＝kruskalwallis (…)

％以单元数组的形式返回 ANOVA 表(包括列和行的标识)

[p,table,stats]＝kruskalwallis (…)

％返回 stasts 结构，利用 stats 可接下来进行多重比较检验。用户可以将 stats 结构作为输入，利用 multcompare 函数进行这种检验。

【例 3.5】 根据表 6.5 中的数据，利用 Kruskal-Wallis 检验函数 kruskalwallis 检验四家职业培训机构培训质量是否相同。

解：在命令窗口输入数据和命令如下：

```
>> X=[3 2 19 20 14 7 16 4 10 1 9 15 12 5 18 6 12 11 17 8];
>>group={'1','2','3','4','1','2','3','4','1','2','3','4','1','2','3','4',
```

'1','2','3','4'};

>>[p,table,stats]=kruskalwallis (X,group,‘on’)

运行结果如下：

p=0.0453

table=

'Source'	'SS'	'df'	'MS'	'Chi-sq'	'prob>Chi-sq'
'Groups'	[281.0000]	[3]	[93.6667]	[8.0346]	[0.0453]
'Error'	[383.5000]	[16]	[23.9687]	[]	[]
'Total'	[664.5000]	[19]	[]	[]	[]

stats=gnames: {4x1 cell}

n: [5 5 5 5]

source: 'kruskalwallis'

meanranks: [10.4000 5.2000 15.8000 10.6000]

sumt: 6

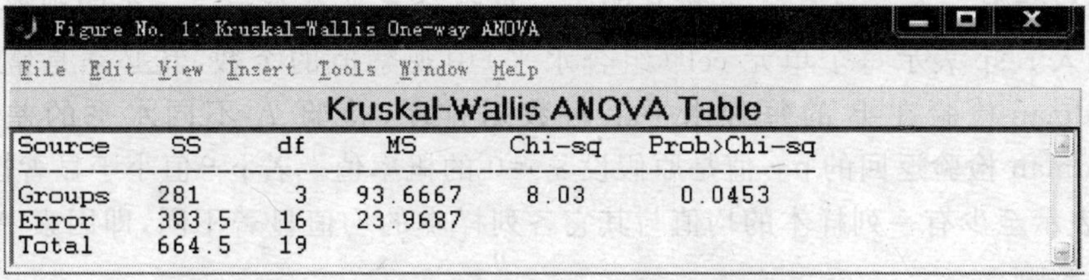
Figure No. 1: Kruskal-Wallis One-way ANOVA

File Edit View Insert Tools Window Help

Kruskal-Wallis ANOVA Table

Source	SS	df	MS	Chi-sq	Prob>Chi-sq
Groups	281	3	93.6667	8.03	0.0453
Error	383.5	16	23.9687		
Total	664.5	19			

图 6.1 Kruskal-Wallis 检验的 ANOVA 表

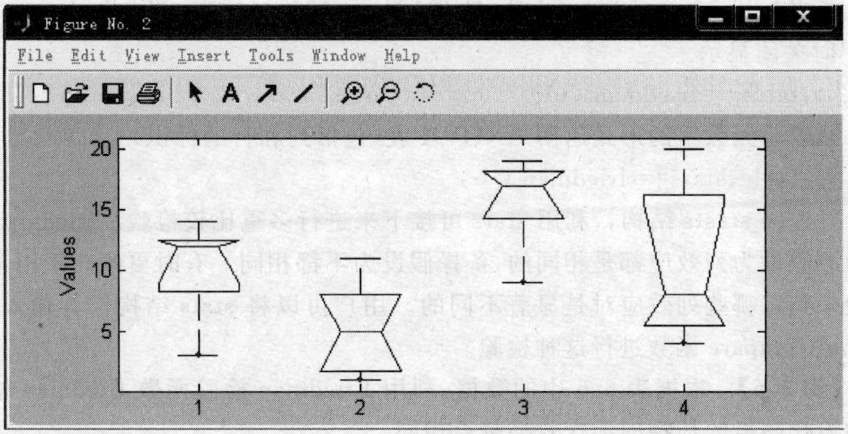

图 6.2 Kruskal-Wallis 检验的盒形图

结果说明:取显著性水平 $\alpha=0.05$,$p=0.0453$ 小于 α,拒绝原假设 H_0,认为四个培训机构培训质量存在差异。从图 6.2 中也可看出四个培训机构的样本平均秩不同,第二个培训机构的样本平均秩最高,说明其培训质量最高。

6.7 分组设计下多处理方法比较的秩检验

Friedman 检验是一种非参数双因素方差分析,与传统的双因素方差分析类似,但它在通过调整可能的行影响因素后只检验列影响因素,即它不检验行影响因素或交叉影响因素。当列表示正在研究的数据,而行表示需要考虑其影响但没有任何意义的多余因素时,Friedman 检验正好适用。

函数 friedman

格式 p=friedman (X,reps)

%进行非参数 friedman 检验,比较数据 X 中各列的均值或中位数是否相等。不同列中的数据表示因素 A 引起的变化情况;各行数据表示因素 B 引起的变化情况。若对于因素 A 和 B 的每一种组合水平都有超过一个的观察值,则输入 resp 表示每个单元 cell(组合水平)中观察值的个数,其必须是常数。Friedman 检验在 B 的每种水平上对数据排序,检验 A 不同水平的差异。Friedman 检验返回的 p—值是原假设 $\alpha_i=0$ 的概率值。若 p—值小于显著性水平,表示至少有一列样本的均值与其它各列样本的均值显著不同,即因素 A 有显著影响。

p=friedman (X, reps,'displayopt')

%当'displayopt'为'on'时(缺省)显示 ANOVA 表,当'displayopt'为'off'时关闭显示。

[p,table]=friedman (…)

%以单元数组的形式返回 ANOVA 表(包括列和行的标识)

[p,table,stats]=friedman (…)

%返回 stasts 结构,,利用 stats 可接下来进行多重比较检验。friedman 检验的原假设为列效应都是相同的,备择假设为不都相同。有时更倾向于用某种检验来判定哪些列效应对是显著不同的。用户可以将 stats 结构作为输入,利用 multcompare 函数进行这种检验。

【例 3.6】 根据表 6.6 中的数据,利用 Friedman 检验函数 friedman 检验四种治疗咳嗽的药物的治疗效果是否相同。

解:在命令窗口输入数据和命令如下:

```
>> X=[251    207    167    301
      126    180    104    120
      49     123     63    186
      45     85     147    100
      233    232    236    250
      291    208    158    183
      1385  1204    1611  1913];
>> [p,table,stats]=friedman(X,1,'on')
```

运行结果如下：

```
p=0.3189
table=
  'Source'      'SS'       'df'    'MS'       'Chi-sq'    'prob>Chi-sq'
  'Columns'   [ 5.8571]   [3]   [1.9524]   [3.5143]      [0.3189]
   'Error'    [29.1429]   [18]  [1.6190]      []            []
   'Total'      [35]      [27]     []         []            []
stats=      source: 'friedman'
            n: 7
     meanranks: [2.2857 2.2857 2.1429 3.2857]
       sigma: 1.2910
```

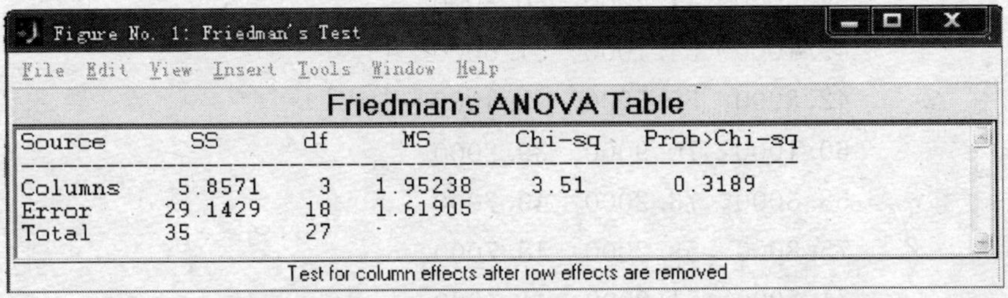
Figure No. 1: Friedman's Test

File Edit View Insert Tools Window Help

Friedman's ANOVA Table

Source	SS	df	MS	Chi-sq	Prob>Chi-sq
Columns	5.8571	3	1.95238	3.51	0.3189
Error	29.1429	18	1.61905		
Total	35	27			

Test for column effects after row effects are removed

图 6.3 Friedman 检验的 ANOVA 表

结果说明：取显著性水平 $\alpha=0.05$，$p=0.3189$ 大于 0.05，接受原假设 H_0，即认为四种药物的治疗效果相同。

6.8 案例分析

根据项目五中例 5.2 的数据，利用符号检验比较燃料 A1 和 A2 对火箭射程的影响是有否显著差异；利用 Wilcoxon 符号秩检验比较燃料 A3 和 A4 对火箭射程的影响是有否显著差异；利用 kruskal-wallis 检验和 Friedman 检验三种推进器对火箭射程的影响是否显著不同。

解:在命令窗口输入数据和命令如下：

```
>> X1=[58.2000 56.2000 65.3000 52.6000 41.2000 60.8000];
>> X2=[49.1000 54.1000 51.6000 42.8000 50.5000 48.4000];
>> [p1,h1]=signtest(X1,X2,0.05)
>> X3=[60.1000 70.9000 39.2000 58.3000 73.2000 40.7000];
>> X4=[75.8000 58.2000 48.7000 71.5000 51.0000 41.4000];
>> [p2,h2]=signrank(X3,X4,0.05)
>>X=[58.2000   56.2000   65.3000   52.6000   41.2000   60.8000
49.1000   54.1000   51.6000   42.8000   50.5000   48.4000   60.1000
70.9000   39.2000   58.3000   73.2000   40.7000   75.8000   58.2000
48.7000   71.5000   51.0000   41.4000];
>>group={'B1','B2','B3','B1','B2','B3','B1','B2','B3',
'B1','B2','B3','B1','B2','B3','B1','B2','B3','B1','B2','B3',
'B1','B2','B3'};
>>[p3,table,stats]=kruskalwallis(X,group,'on')
>> X=[58.2000   56.2000   65.3000
      52.6000   41.2000   60.8000
      49.1000   54.1000   51.6000
      42.8000   50.5000   48.4000
      60.1000   70.9000   39.2000
      58.3000   73.2000   40.7000
      75.8000   58.2000   48.7000
      71.5000   51.0000   41.4000];
>> p=friedman(X,2,'on')
```

输出结果如下：

$p_1=0.2188$

$h_1=0$

$p_2=0.8438$

$h_2=0$

$p_3=0.1663$

```
table=
'Source'       'SS'           'df'    'MS'         'Chi-sq'   'Prob>Chi-sq'
'Groups'    [179.3125]       [2]    [89.6563]    [3.5878]     [0.1663]
'Error'     [970.1875]       [21]   [46.1994]    []           []
'Total'   [1.1495e+003]      [23]   []           []           []
stats=   gnames: {3x1 cell}
            n: [8 8 8]
       source: 'kruskalwallis'
    meanranks: [15.1875 13.5625 8.7500]
         sumt: 6
p=0.5647
```

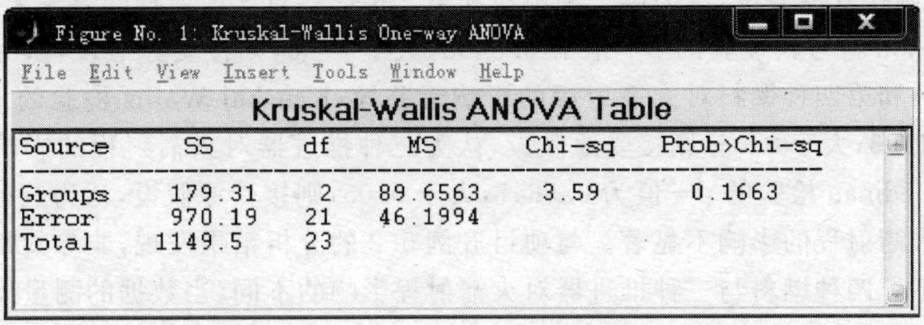
Figure No. 1: Kruskal-Wallis One-way ANOVA
File Edit View Insert Tools Window Help
Kruskal-Wallis ANOVA Table

Source	SS	df	MS	Chi-sq	Prob>Chi-sq
Groups	179.31	2	89.6563	3.59	0.1663
Error	970.19	21	46.1994		
Total	1149.5	23			

图 6.4　Kruskal-Wallis 检验的 ANOVA 表

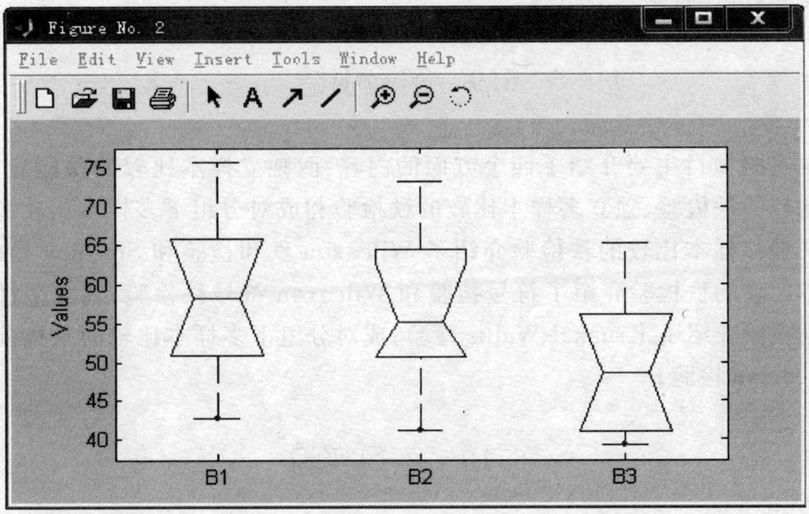

图 6.5　Kruskal-Wallis 检验的盒形图

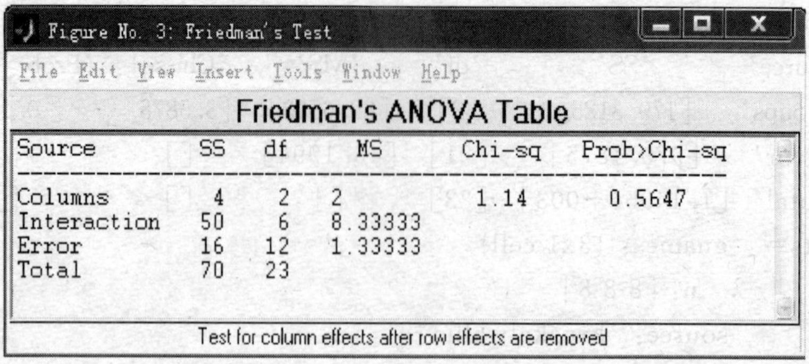
Figure No. 3: Friedman's Test

File Edit View Insert Tools Window Help

Friedman's ANOVA Table

Source	SS	df	MS	Chi-sq	Prob>Chi-sq
Columns	4	2	2	1.14	0.5647
Interaction	50	6	8.33333		
Error	16	12	1.33333		
Total	70	23			

Test for column effects after row effects are removed

图 6.6 检验的 Friedman 检验的 ANOVA 表

结果说明：取显著性水平 $\alpha=0.05$，符号检验的 p一值为 0.2188，大于 0.05，则接受原假设，认为第一种燃料和第二种燃料对火箭射程的影响无差异；Wilcoxon 符号秩检验的 p一值为 0.8438，大于 0.05，则接受原假设，认为第三种燃料和第四种燃料对火箭射程的影响无差异；Kruskal-Wallis 检验的 p一值为 0.1663，大于 0.05，则接受原假设，认为三种推进器对火箭射程的影响不显著；Friedman 检验的 p一值为 0.5647，大于 0.05，则接受原假设，认为三种推进器对火箭射程的影响不显著。与项目五例 5.2 的分析结果发现，非参数秩检验发现不了四种燃料与三种推进器对火箭射程影响的不同，当数据的测量尺度为比率时，且数据的分布与正态分布较接近时，方差分析比非参数秩检验对数据间的差异较敏感，结果更精确。

6.9 实验小结

本实验项目主要介绍了四个方面的内容：两独立样本比较的秩检验、成对样本比较的秩检验、独立多样本比较的秩检验和成对分组下多样本比较的秩检验。两独立样本比较的秩检验介绍了 Wilcoxon 秩和检验和 Smirnov 检验；成对样本比较的秩检验介绍了符号检验和 Wilcoxon 符号秩检验；独立多样本比较的秩检验介绍了 Kruskal-Wallis 检验；成对分组下多样本比较的秩检验介绍了 Friedman 检验。

6.10 练习实验

1. 对两种燃料添加剂进行检验以确定它们对汽油行驶里程的影响。结果如下表。

添加剂 1	17.3	18.4	19.1	16.7	18.2	18.6	17.5		
添加剂 2	18.7	17.8	21.3	21.0	22.1	18.7	19.8	20.7	20.2

取 $\alpha=0.05$，利用 Wilcoxon 秩和检验判断两种添加剂对汽油行驶里程的影响是否存在显著差异。

2. 下表分别列出了上海证券交易所 10 家公司和深圳证券交易所 12 家公司的市盈率。问这两家交易所公司的市盈率之间是否存在差异，取 $\alpha=0.05$。

上海证券交易所 10 家公司的市盈率	153	21	18	125	31	213	64	666	33	68		
深圳证券交易所 12 家公司的市盈率	19	24	24	43	22	14	21	14	21	38	15	14

3. 2007 年 10 只股票的市盈率数据如下表所示。若一个财务分析师给出了 2008 年市盈率的估计值。在显著性水平 0.05 下，关于 2007 年和 2008 年市盈率之间的差异你能得出什么结论？

股票	1	2	3	4	5	6	7	8	9	10
2007 年的市盈率	40	24	21	30	20	29	35	17	25	19
2008 年的市盈率(估计值)	32	22	23	23	17	19	20	18	19	19

4. 为考察两种不同催化剂对某一化工产品得率的影响，9 次试验的数据如下表：

催化剂 A	0.38	0.45	0.72	0.66	0.75	0.68	0.44	0.31	0.32
催化剂 B	0.21	0.23	0.45	0.60	0.77	0.65	0.60	0.83	0.21

取 $\alpha=0.05$，利用 Wilcoxon 符号秩检验法检验这两种催化剂对该化工产品得率的影响是否显著。

5. 市场销售的 3 种糖果中热量的含量如下表所示：

糖果类型	热量的含量(卡)				
A	230	210	240	250	230
B	225	205	245	235	220
C	200	208	202	190	180

取 $\alpha=0.05$，利用 Kruskal-Wallis 检验法检验三种糖果热量的含量是否相同。

6. 为了研究某种金属管的防腐蚀的功能，考虑了 4 种不同的涂料涂层。将金属管埋设在 3 种不同性质的土壤中，经历了一定时间，测得金属管腐蚀的最大深度如下表所示(以 mm 计算)

	土壤类型(因素 B)		
	1	2	3
涂层(因素 A)	1.63	1.35	1.27
	1.34	1.30	1.22
	1.19	1.14	1.27
	1.30	1.09	1.32

试取水平 $\alpha=0.05$，利用 Friedman 检验法检验在不同涂层下腐蚀的最大深度的平均值有无显著差异，在不同土壤下腐蚀的最大深度的平均值有无显著差异。

项目 7

分布检验

7.1 实验目的

分布检验是检验样本数据是否服从指定分布的方法。分布检验的内容主要包括正态概率纸法、分布拟合的 χ^2 检验、Kolmogorov 检验、正态性检验和列联表分析。列联表分析主要介绍两维表格数据行列变量的独立性检验。本实验目的旨在使学生利用 Matlab 7.0 的工具箱进行正态概率纸法、分布拟合的 χ^2 检验、Kolmogorov 检验、正态性检验和列联表分析等。

7.2 实验原理

设总体为 X，其分布未知，从中取样本 $X_1, X_2, \cdots X_n$。根据某种理论或实践经验，我们对总体 X 的分布提出一个假设：

$$H_0: X \text{ 的分布为 } F(x)=F_0(x),$$

其中 $F_0(x)$ 是一个完全已知的分布，或者是一个仅依赖于有限个实参数值、具体数学表达式已知的分布族，譬如正态分布族、指数分布族等。我们把这种检验问题称为分布的假设检验问题。分布假设检验方法有许多，本项目只介绍正态概率纸法、分布拟合的 χ^2 检验、Kolmogorov 检验和正态性检验等几种常用的检验方法

1. 正态概率纸法

正态概率纸是一种具有特殊刻度的坐标纸，其横轴为正态变量的取值 x，刻度均匀；纵轴为相应的分布函数 $F(x)=\Phi\left(\frac{x-\mu}{\sigma}\right)$（$\Phi(\cdot)$ 为标准正态分布函

数)，由于 $\Phi(\cdot)$ 是非线性函数，所以纵轴 $F(x)$ 的刻度不均匀，数对 $(x,F(x))$ 在这张纸上呈一条直线。

在一般的直角坐标系中，正态分布的分布函数图形为一条曲线，但在正态概率纸上却为一条直线，这是因为其纵坐标的刻度与一般直角坐标系不同。如何确定正态概率纸的纵坐标刻度？我们把一般正态分布函数 $y=\Phi\left(\frac{x-\mu}{\sigma}\right)$ 写成复合函数形式：

$$y=\Phi(u),u=\frac{x-\mu}{\sigma},$$

可看出 u 是 x 的线性函数，它在一般坐标系中是一条上升的直线，若在 (x,u) 坐标系上，不改变 x 轴的刻度，但在纵轴 u 轴上增加 $\Phi(u)$ 的刻度，由于 $\Phi(u)$ 是非线性函数，所以 u 轴上 $\Phi(u)$ 的刻度是不等间隔的。我们抹去纵轴 u 轴的刻度，这样就构造出一张正态概率纸。从上述构造过程可看出，任意一个正态分布 $N(\mu,\sigma^2)$ 的分布函数在正态概率纸上都是一条上升的直线；反之，若在正态概率纸上有一条上升的直线，则该直线是正态分布 $N(\mu,\sigma^2)$ 的分布函数。

2. 分布拟合优度的 χ^2 检验

设 $X_1,X_2,\cdots,X_n$ 是来自总体 $X\sim F(x)$ 的样本，样本经验分布函数设为 $F_n(x)$，对分布检验问题

$$H_0:F(x)=F_0(x)$$

其中理论分布 $F_0(x)$ 是一个完全已知的分布，或者是一个仅依赖于有限个实参数值、具体数学表达式已知的分布族。该检验问题就是检验样本数据是否与理论分布相符合。当样本容量较大时，可利用 χ^2 检验来解决该检验问题。

根据随机变量的性质，可分如下两种情况讨论。

(1)总体 X 为离散型随机变量

设总体 X 为取值有限个或可列个值的离散型随机变量。把 X 的所有可能取值划分 k 个类别，使得样本观测值 $x_1,x_2,\cdots,x_n$ 落在每一个类别里的期望频数都不小于 5。记 P(X 的观测值落入第 i 个类别)$=p_i,i=1,\cdots,k$，则假设 $H_0:F(x)=F_0(x)$ 等价于假设 H_0：第 i 个类别所占的比例为 $p_i(i=1,\cdots,k)$。记第 i 个类别的观测频数为 n_i，当 H_0 为真时，观测频数为 n_i 应该接近于期望频数 $n\cdot p_i$。皮尔逊提出的检验统计量为：

$$\chi^2=\sum_{i=1}^{k}\frac{(n_i-n\cdot p_i)^2}{n\cdot p_i}$$

当 H_0 为真时，χ^2 的值较小，否则 χ^2 的值较大。故该检验的拒绝域为 $\{\chi^2 \geqslant c\}$。根据这个 χ^2 统计量的极限分布定理可知：当 H_0 为真时 χ^2 近似服从 $\chi^2(k-1)$ 分布。所以 c 为 $\chi^2(k-1)$ 分布的上 α 分位点，其中 α 为显著性水平。

(2)总体 X 为连续型随机变量

选用适当的分点 $c_1 < c_2 < \cdots < c_{k-1}$，把实轴划分为 k 个区间：$(-\infty, c_1)$，$[c_1, c_1)$，$\cdots[c_{k-1}, +\infty)$。这 k 个区间相当于 k 个类别。在 H_0 为真时，记

$$p_i = P(c_{i-1} \leqslant X \leqslant c_i) = F_0(c_i) - F_0(c_{i-1}), i = 1, \cdots, k,$$

其中 c_0 与 c_k 分别表示 $-\infty$ 和 $+\infty$。要求 $c_1 < c_2 < \cdots < c_{k-1}$ 使得样本观测值 $x_1, x_2, \cdots, x_n$ 落在每一个区间里的期望频数都不小于 5，否则应把期望频数小于 5 的区间与相邻区间合并。记落在第 i 个区间 $[c_{i-1}, c_i)$ 的观测频数为 $n_i(i=1,\cdots,k)$。利用与总体为离散型情形相同的检验步骤即可完成全部检验工作。若 $F_0(x)$ 是一个仅依赖于 m 个实参数值、具体数学表达式已知的分布族，则检验统计量 χ^2 近似服从的分布变成 $\chi^2(k-m-1)$，其它步骤不变。

3. Kolmogorov 检验

由于 χ^2 拟合优度检验是分组处理样本观测值的，所以即使原假设 H_0：$F(x) = F_0(x)$ 不成立，但在各个分点 $c_0 < c_1 < c_2 < \cdots < c_{k-1} < c_k$ 上可能有 $F(c_i) - F(c_{i-1}) = F_0(c_i) - F_0(c_{i-1})$，这样就可能认为原假设 H_0 为真，导致犯第二类错误。

为了减小犯第二类错误的概率大小，根据 Kolmogorov 定理，Kolmogorov 建立了一个有效的分布拟合优度检验——Kolmogorov 检验。克服了 χ^2 检验依赖于区间划分的缺点。设 $X_1, X_2, \cdots, X_n$ 是来自总体 $X \sim F(x)$ 的样本，样本经验分布函数设为 $F_n(x)$，对分布检验问题

$$H_0: F(x) = F_0(x),$$

其中理论分布 $F_0(x)$ 是一个完全已知的分布，我们构造检验统计量为：

$$D_n = \sup_{-\infty < x < \infty} |F_n(x) - F_0(X)|$$

由上式可知，当 $F_n(x)$ 与 $F_0(x)$ 差异较大时，D_n 的值也较大，所以拒绝域为 $\{D_n \geqslant c\}$，其中 c 可根据样本容量 n 和显著性水平 α 查表得到。

4. 正态性检验

由于很多统计方法是以正态假定为基础发展起来的，所以在使用这些方法前，要判断样本数据所来自的总体是否为正态分布，这就使得正态性检验变得很重要。对于正态性检验，可以用基于 χ^2 统计量的分布拟合优度检验和基于

经验分布函数的 Kolmogorov 检验。但这两种方法都没有充分利用 H_0 为真时的信息，所以检验的功效不高。鉴于此我们另外介绍两种正态性检验方法：一是基于偏度和峰度的联合检验——Jarque-Bera 检验，二是改进的 Kolmogorov 检验——单样本正态分布 Lilliefors 检验。

(1)Jarque-Bera 检验

Jarque-Bera 检验的原假设和备则假设分别为：

H_0：总体服从正态分布　　　H_1，总体不服从正态分布

我们知道，正态分布的偏度为 0，峰度为 3，若样本来自正态总体，那么样本的偏度和峰度应该分别在 0 和 3 附近。基于样本偏度和峰度的正态性检验统计量为：$JB=\frac{n}{6}(S^2+\frac{(K-3)^2}{4})$，当样本容量 n 趋于无穷大时，JB 的渐近分布是自由度为 2 的 χ^2 分布。其中 S 为样本偏度，K 为样本峰度，它们的计算公式分别为：

$$S=\frac{\mu_3}{(\sigma^2)^{3/2}}=\frac{\frac{1}{n}\sum_{i=1}^{n}(x_i-\overline{x})^3}{\left(\frac{1}{n}\sum_{i=1}^{n}(x_i-\overline{x})^2\right)^{3/2}};\ K=\frac{\mu_4}{(\sigma^2)^2}=\frac{\frac{1}{n}\sum_{i=1}^{n}(x_i-\overline{x})^4}{\left(\frac{1}{n}\sum_{i=1}^{n}(x_i-\overline{x})^2\right)^2}。$$

从检验统计量 JB 的计算公式中可看出，样本偏度和峰度分别与正态总体的偏度 0 和峰度 3 有任何差异都会引 JB 的值增大。对于显著性水平 α，当 χ^2 分布统计量小于 χ^2 分布的 $1-\alpha$ 分位数 $\chi^2_{1-\alpha}$ 时，接受 H_0：总体服从正态分布；否则拒绝 H_0，即认为总体不服从正态分布。

(2)Lilliefors 检验

Jarque-Bera 检验适用于检验原假设是未指定均值和方差的正态分布的大样本场合。当样本容量较小时，可用单样本正态分布 Lilliefors 检验来代替 Jarque-Bera 检验，Lilliefors 检验对 Kolmogorov 检验进行改进，可用于一般的正态性检验，其原假设中的已知分布不是指定的正态分布，而是 H_0：总体服从正态分布 $N(\mu,\sigma^2)$，其中 μ,σ^2 由样本均值和方差估计得来，即把样本 X 的经验分布函数与和 X 具有相同均值和方差的正态分布进行比较。

5. 列联表分析

χ^2 统计量除了用于分布拟合优度检验外，另一个重要应用是根据样本数据检验两个变量的独立性。独立性检验的假设为：

H_0：行变量与列变量独立

H_1：行变量与列变量不独立

令 e_{ij} 表示列联表中位于第 i 行和第 j 列的类别的期望频数，f_{ij} 表示列联表中位于第 i 行和第 j 列的类别的观测频数，其中 $e_{ij}=\dfrac{\text{第}i\text{行之和}\times\text{第}j\text{列之和}}{\text{样本容量}}$，$i=1,\cdots,r$，$j=1,\cdots,s$。当 H_0 成立时，f_{ij} 与 e_{ij} 应该差异很小，基于观测频数和期望频数的 χ^2 统计量为：

$$\chi^2=\sum_i\sum_j\frac{(n_{ij}-e_{ij})^2}{e_{ij}}$$

由 Fisher 关于 χ^2 统计量的极限分布定理推广可知，$\chi^2=\sum_i\sum_j\dfrac{(n_{ij}-e_{ij})^2}{e_{ij}}$ 的极限分布是自由度为 $(r-1)(s-1)$，该检验的拒绝域为 $\{\chi^2\geqslant c\}$，其中 c 为 $\chi^2((r-1)(s-1))$ 分布的上 α 分位点，其中 α 为显著性水平。

7.3 实验数据

本实验项目选取几组不同的数据进行相应的分布检验及列联表分析。

统计学课程的期末考试成绩的简单随机抽样样本数据如表 7.1 所示：

表 7.1 统计学课程的期末考试成绩

统计学课程的期末考试成绩样本数据													
55	85	72	99	48	71	88	70	59	98	80	74	93	85
74	82	90	71	83	60	95	77	84	73	63	72	95	79
51	85	76	81	78	65	75	87	86	70	80	64		

对 20 只灯泡进行寿命试验，其失效时刻如表 7.2 所示：

表 7.2 20 只灯泡的失效时刻

20 只灯泡的寿命试验失效时刻数据
230， 300， 420， 510， 650， 740， 860， 920， 1040， 1160， 1200， 1310，
1450， 1510， 1650， 1760， 2100， 2310， 2350， 2430

四名签证官员批准签证的数据如表 7.3 所示：

表 7.3 四名签证官员批准签证决定的数据

签证官员编号	签证批准决定	
	批　准	拒　绝
1	12	8
2	36	14
3	16	14
4	25	15

7.4 正态概率纸法

利用函数 normplot 进行绘制正态概率纸。

函数　normplot

格式　normplot(X)

绘出 X 中数据的正态概率图。如 X 为矩阵,则对每一列绘出一条线。图中样本数据用符号'+'来表示,叠加在数据上的实线是每一列数据的第一个与第三个四分位点之间的连线。这条线延伸到样本数据的两端,以便估计数据的线性度。若数据是来自一个正态分布总体的样本,则该线为一直线,若数据来自其他分布,则为一条曲线。

h=normplot(X),返回所绘线的句柄。

【例 7.1】 根据表 7.1 中的数据,利用正态概率纸法检验统计学课程期末考试成绩是否服从正态分布。

解:在命令窗口输入数据及命令如下:

```
>> X=[55 85 72 99 48 71 88 70 59 98 80 74 93 85
74 82 90 71 83 60 95 77 84 73 63 72 95 79 51 85 76
81 78 65 75 87 86 70 80 64];
>>h=normplot (X)
```

运行后结果显示如下

h=3.0010　102.0009　103.0004

结果说明:由图 7.1 可看出,图形为线性的,因此可以用正态分布来对数据进行拟合和建模。

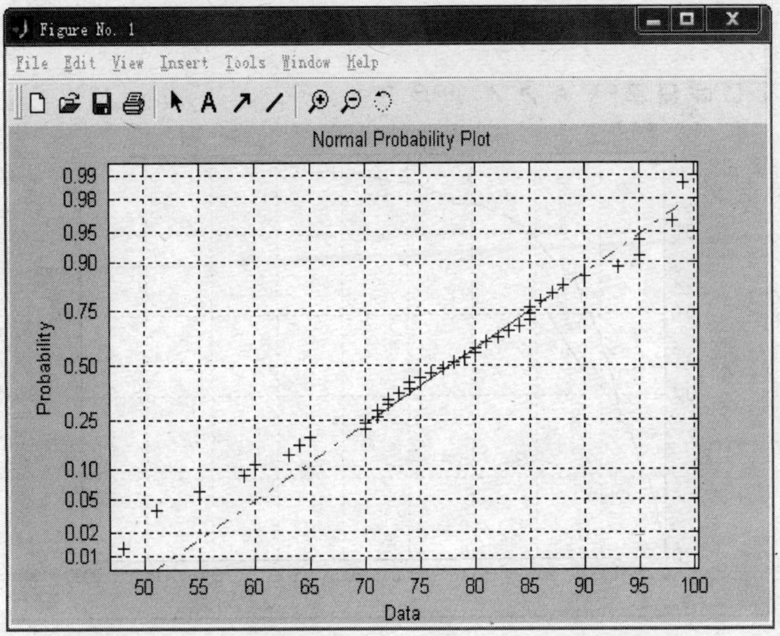

图 7.1　统计学课程期末考试成绩样本数据的正态概率图

7.5　分布拟合优度的 χ^2 检验

在统计工具箱内未提供分布拟合优度的 χ^2 检验函数。下面根据分布拟合优度的 χ^2 检验的原理和步骤用 Matlab 编写程序。

【例 7.2】 为调查某空调安装公司的服务质量是否发生了改变，随机选择了 500 名客户进行调查，样本数据整理结果如下：很好有 30 人，良好有 210，一般有 190 人，较差有 70 人。以前的调查资料显示：很好为 5%，良好为 43%，一般为 36%，较差有 16%。问该公司的服务质量是否发生了改变？取 $\alpha=0.05$。

解：操作如下：

首先在 Matlab 操作界面的主菜单 File 下选择"New"→"M-file"或在工具栏中点击新建文件工具进入 Matlab 编辑器窗口，如图 7.2 所示：

在该编辑器中输入程序代码（建立 matlab 函数 chi2test()，用以进行分布拟合优度的 χ^2 检验）后，在编辑器的 File 菜单下选择 Save 命令，出现保存文件对话框，指定文件名（与函数名一致）来保存输入的内容，这样就建立了一个新的 M 文件。M 文件的具体内容如下：

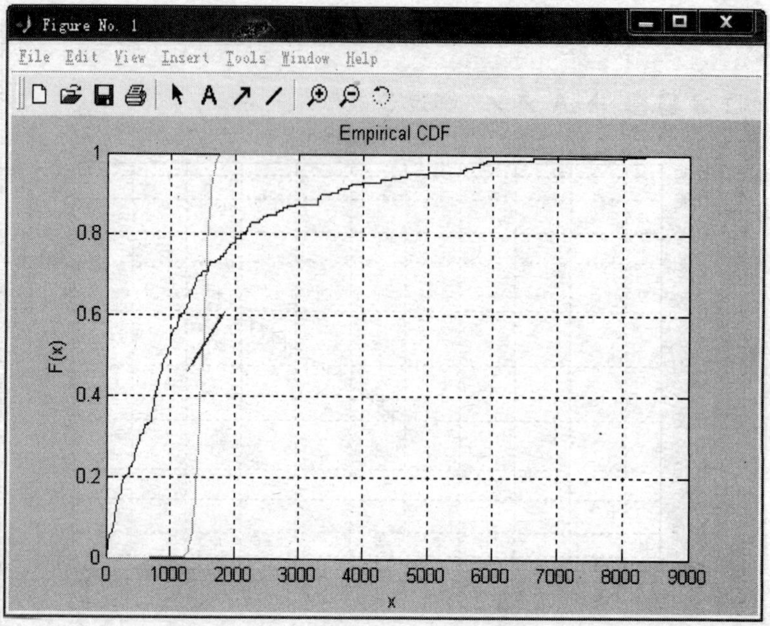

图 7.2 Matlab 编辑器界面

function　h＝chi2test(a,b,n,alph)　%参数 a 为观测结果矩阵，b 为理论概率分布矩阵，n 为样本容量，alph 为显著性水平。

[m,k]＝size(b)；　%求矩阵 b 的大小，返回值 m 为 b 的行数，k 为 b 的列数，即总体的类别个数。

f＝0；

for i＝1：k

　　f1＝(a(i)－n＊b(i))^2/n＊b(i)；

　　f＝f＋f1；

end　　%循环体用于求检验统计量 χ^2 的观测值。

p＝1－chi2cdf(f,k－1)；%求出检验统计量大于其一个观测值的概率，即求 p－值。

if p＞alph

　　h＝0；

else

　　h＝1；

end　　用于决策，h＝0 表示不能拒绝原假设，h＝1 表示拒绝原假设。

再在 Matlab 命令窗口输入如下命令：

```
>>A=[30,210,190,70];
>>B=[0.05,0.43,0.36,0.16];
>>chi2test(A,B,500,0.05)
```

运行后结果如下：

```
h=0
```

结果说明：h=0 表示在显著性水平 $\alpha=0.05$ 下我们不能拒绝原假设，即认为该公司的服务质量没有发生改变。

7.6　Kolmogorov 检验

单样本分布的 Kolmogorov 检验是把向量 X 中的值与指定的假设分布相比较，判断 X 中的值是否来自与指定分布相同的总体。

函数　kstest

格式　h=kstest(X)

%把向量 X 中的值与标准正态分布进行比较并返回假设检验的结果 h。若 $h=1$，则拒绝 H_0，认为 X 不具有标准正态分布的特征；若 $h=0$，则不能拒绝 H_0，即认为 X 具有标准正态分布的特征。

h=kstest(X,cdf)

%将向量 X 的分布与由两列矩阵 cdf 所定义的假设分布相比较，cdf 必须先定义。矩阵 cdf 的第一列包含可能的 x 值，第二列包含相应的假设累积分布函数值 $F_0(x)$。在可能的情况下，应定义 cdf 使第一列包含 X 中的值。若 cdf 使第一列包含 X 中的值，kstest()将用内插法近似 $F_0(x)$。X 中的所有值必须位于由 cdf 第一列中最小值与最大值定义的区间上。若第二个参数是空的(cdf=[])kstest()将使用标准正态分布。

h=kstest(X,cdf,alpha,tail)

%指定显著性水平 alpha 及指定备择假设类型的参数 tail。若 tail=0(缺省)，kstest()将执行备择假设为 $F(x)\neq F_0(x)$ 的双侧检验；若 tail=1，kstest()将执行备择假设为 $F(x)>F_0(x)$ 的右侧检验；若 tail=-1，kstest()将执行备择假设为 $F(x)<F_0(x)$ 的左侧检验；检验统计量的形式取决于 tail 值：

tail=0：max $(|F_n(x)-F_0(X)|)$

tail=1：max $(F_n(x)-F_0(X))$

tail=−1：max $(F_0(x)-F_n(X))$

[h,p,ksstat,cv]=kstest(X,cdf,alpha,tail)

%同时还返回 p－值，Kolmogorov 检验统计量，以及判断 ksstat 是否显著的截断值 cv(临界值)。若返回值 cv 是 NaN，ksstat()将根据一个近似公式来计算 p－值并判断是否显著。而不是将 ksstat 与临界值比较。

【例 7.3】 根据表 7.2 的数据，利用 Kolmogorov 检验法检验 20 只灯泡的失效时刻是否服从参数为 1/1500 的指数分布。

解：在命令窗口输入数据和命令如下：

>>X=[230,300,420,510,650,740,860,920,1040,,1160,1200,1310,1450,1510,1650,1760,2100,2310,2350,2430]';

>> [h,p,ksstat,cv]=kstest(X,[X,expcdf(X,1500)],0.05,0)　　% 进行 Kolmogorov 检验

运行结果为：　h=0

p=0.3742

ksstat=0.1979

cv=0.2941

结果说明：一方面，由 h=0 知不能拒绝原假设，即认为 20 只灯泡的失效时刻服从平均寿命为 1500 小时的指数分布；另一方面，由 p－值为 0.1979 大于显著性水平 0.05 也可知不能拒绝原假设——20 只灯泡的失效时刻服从平均寿命为 1500 小时的指数分布。

7.7　正态性检验

正态性检验的目的是判断一个样本是否来自于一个正态分布总体。正态概率纸法、分布的拟合优度 χ^2 检验和 Kolmogorov 检验都可对样本数据进行正态性检验，但正态概率纸法不够精确，样本数据图形是否能看作是一条直线有很大的主观性，不能计算犯第二类错误的大小；分布的拟合优度 χ^2 检验受到数据分组不同的影响，犯第二类错误较大；Kolmogorov 检验要求总体的分布函数必须事先定义，若用样本数据估算则检验结果不精确。所以另外再介绍两种常用的较精确的正态性检验方法——Jarque-Bera 检验和 Lilliefors 检验。

7.7.1 Jarque-Bera 检验

Jarque-Bera 检验是一种基于样本 X 的偏度和峰度的正态分布假设检验，当原假设为正态分布时，样本偏度应接近于 0，样本峰度应接近于 3，该检验通过 χ^2 统计量来判定样本偏度和峰度是否与其期望值显著不同。

函数　jbtest

格式　h=jbtest(X)

%对输入向量 X 进行 Jarque-Bera 检验，返回假设检验的结果。若 $h=0$，则不能拒绝 H_0，即认为 X 具有正态分布的特征；若 $h=1$，则拒绝 H_0，认为 X 不具有正态分布的特征。但 Jarque-Bera 检验是近似检验，必须用于大样本时，在小样本情况下可用 Lilliefors 检验代替 Jarque-Bera 检验。

h=jbtest(X,alpha)

%进行显著性水平为 α 的假设检验。

[h,p,jbstat,cv]=jbtest(X,alpha)

%返回三个附加的输出。p 为检验的 p—值，jbstat 为检验统计量的值，cv 是判断是否拒绝假设的临界值。

【例 7.4】 根据表 7.2，利用 Jarque-Bera 检验法检验 20 只灯泡的失效时刻是否服从正态分布。

解：在命令窗口输入数据和命令如下：

```
>>X=[230,300,420,510,650,740,860,920,1040,1160,1200,1310,
1450,1510,1650,1760,2100,2310,2350,2430];
>>[h,p,jbstat,cv]=jbtest(X, 0.05)        %进行 Jarque-Bera 检验
```

运行后结果显示如下

```
h=0
p=0.4838
jbstat=1.4523
cv=5.9915
```

结果说明：一方面由 $h=0$ 知不能拒绝原假设，即认为 20 只灯泡的失效时刻服从正态分布；另一方面，由 p—值为 0.4838 大于显著性水平 0.05 也可知不能拒绝原假设——20 只灯泡的失效时刻服从正态分布。与例 7.3 的结果比，发现 Jarque-Bera 检验与 Kolmogorov 检验结果不同，是因为 Kolmogorov 检验必须指定假设分布，当原假设不真时，若指定的分布在样本数据点的累积概率值与样本数据的经验分布函数值差别较小，则检验结果可能是不能拒绝原

假设——均值为 1500 的指数分布，所以用同样的样本数据 Jarque-Bera 检验与 Kolmogorov 检验结果不一致。

7.7.2 Lilliefors 检验

Lilliefors 检验的原假设为 X 是未指定均值和方差的正态分布，备择假设为 X 不是正态分布。该检验利用函数 lillietest 对样本数据 X 进行正态分布检验，即把 X 的经验分布函数与 X 具有相同均值和方差的正态分布进行比较。

函数 lillietest

格式 h=lillietest (X)

%对输入向量 X 进行 Lilliefors 检验，并返回假设检验的结果。若 h=0，则不能拒绝 H_0，即认为 X 的分布是正态分布；若 h=1，则拒绝 H_0，认为 X 的分布不是正态分布。

h=lillietest (X,alpha)

%进行显著性水平为 α 的假设检验。

[h,p,jbstat,cv]=lillietest (X,alpha)

%返回三个附加的输出。p 为检验的 p－值，由在 Lilliefors 表中线性插值得到。lstat 为检验统计量的值，cv 是判断是否拒绝假设的临界值。若 lstat 的值超出 Lilliefors 表的范围，p 返回 NaN。h 显示是否拒绝原假设。

【例 7.5】 仍然根据例 7.3 中的数据，利用 Lilliefors 检验判断 20 只灯泡的失效时刻数据是否服从正态分布。

解：在命令窗口输入数据和命令如下：

```
>>X=[230,300,420,510,650,740,860,920,1040,1160,1200,1310,1450,1510,1650,1760,2100,2310,2350,2430];
>>[h,p,lsta,cv]=lillietest(X, 0.05)        %进行 Lilliefors 检验
```

运行后结果显示如下

```
h=0
p=NaN
jbstat=1.4523
cv=5.9915
```

结果说明：由 h=0 知不能拒绝原假设，即认为 20 只灯泡的失效时刻服从正态分布；p－值为 NaN，表示 lstat 的值超出 Lilliefors 表的范围。与例 7.4 的结果比较发现两种方法的结果一致，都认为此样本数据服从正态分布。

7.8 列联表分析

列联表分析是行列变量是否独立的假设检验，也是利用 χ^2 统计量检验每个单元的样本频数与行列变量独立时每个单元的期望频数之间的拟合程度。

【例 7.6】 某领事馆提供了有关四名签证官员批准的签证数据如表 7.3 所示。利用 $\alpha=0.05$ 检验批准签证的决定与审核签证申请的签证官员是否独立。

解：操作如下所示

首先在 Matlab 编辑器中输入以下程序代码：

```
function [h,p]=chi2test2(a,alph)   %a为样本观测数据矩阵,alph为显著性水平;
[k1,k2]=size(a);                   %求出样本数据矩阵a的行列大小;
rowsum=zeros(1,k1);                %定义一个k1维的零向量;
columnsum=zeros(1,k2);             %定义一个k2维的零向量;
n=0;
for i=1:k1
    for j=1:k2
        rowsum(i)=rowsum(i)+a(i,j);
    end             %内循环体求出矩阵a按行求和向量rowsum的第i个元素;
    n=n+rowsum(i);  %求出行向量rowsum所有元素的和,即求出样本容量。
end
for j=1:k2
    for i=1:k1
        columnsum(j)=columnsum(j)+a(i,j);
    end %内循环体求出矩阵a按列求和向量columnsum的第j个元素;
end
    f=0;
    e=zeros(k1,k2);          %定义一个k1×k2的零矩阵;
for i=1:k1
    for j=1:k2
```

```
            e(i,j)=rowsum(i) * columnsum(j)/n;
            f1=(a(i,j)-e(i,j))^2/e(i,j);
            f=f+f1;
        end
    end                %求出检验统计量 χ2的观测值;
    p=1-chi2cdf(f,(k1-1) * (k2-1)); %求出 p-值;
    if p>alph
        h=0;
    else
        h=1;
    end    % 条件语句用于决策,h=0 表示不能拒绝原假设,h=1 表示
拒绝原假设。
```

然后保存为 M 文件的形式(扩展名为“.m”),文件名与函数名相同,即为 chi2test2.m。

最后在 Matlab 命令窗口输入以下命令:

```
>>A=[12        8
     36        14
     16        14
     25        15];
>>[h,p]=chi2test2(A,0.05)
```

运行后结果显示如下:

```
h=0
p=0.3883
```

结果说明:由 h=0 知在显著性水平 $\alpha=0.05$ 下我们不能拒绝原假设,即可认为批准签证的决定与审核签证申请的签证官员相互独立。

7.9 案例分析

根据随机模拟的数据,利用 Kolmogorov 检验、Jarque-Bera 检验与 Lilliefors 检验对样本数据进行正态性检验,并解释检验结果。

解:编程如下:

```
X=exprnd(1500,[200,1]);
[h1,p1,ksstat,cv1]=kstest(X,[X,normcdf(X,1500,100)],0.05,0)
```

```
[h2,p2,jbstat,cv2]=jbtest(X, 0.05)
[h3,p3,lsta,cv3]=lillietest(X, 0.05)
cdfplot(X);
hold on;
Y1=0 :15 :3005;
plot(Y1,normcdf(Y1,1500,100),'g-');
hold on;
mu=mean(X)
sigma=std(X)
plot(Y2,normcdf(Y2,mu,sigma),'r-');
```

程序运行结果：

```
h1=1
p1=2.3529e-061
ksstat=0.5869
cv1=0.0952
h2=1
p2=0
jbstat=89.9877
cv2=5.9915
h3=1
p3=NaN
lsta=0.1424
cv3=0.0626
mu=1.4055e+003
sigma=1.2835e+003
```

结果说明：由 h1＝1 知 Kolmogorov 检验能拒绝原假设——模拟数据服从均值为 1500、标准差为 100 的正态分布，这个检验的 p－值也接近于 0，也可拒绝原假设；由 h2＝1 可知 Jarque-Bera 检验拒绝原假设——模拟数据来自正态总体，此检验的 p－值等于 0，也可拒绝正态总体假定；由 h3＝1 知 Lilliefors 检验拒绝原假设——模拟数据服从均值为 1405.5、标准差为 1283.5 的正态分布。此结论是符合实际的，因为模拟数据的真实分布是均值为 1500 的指数分布。从经验分布函数图也可看出原假设为相应的正态分布是不符合实际的。

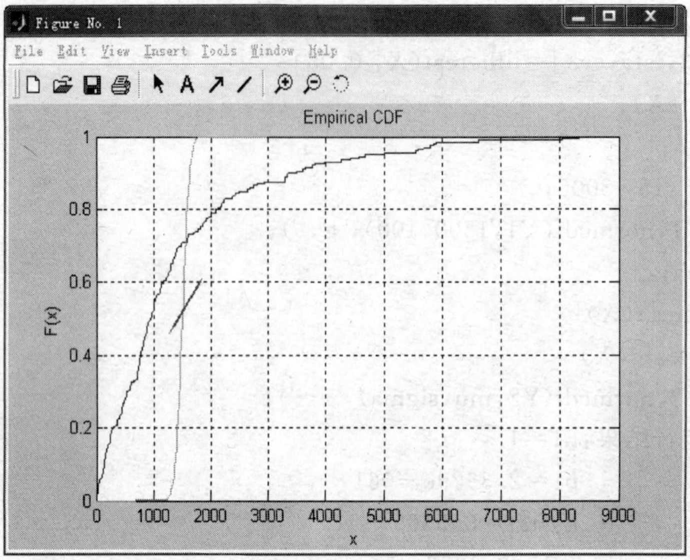

图 7.3　服从均值为 1500 的指数分布的随机数的经验分布函数图

7.10　实验小结

本实验项目主要介绍了两方面的内容：分布检验和列联表分析。常用的分布检验包括正态概率纸法、分布拟合的 χ^2 检验、Kolmogorov 检验、正态性检验，其中正态性检验主要介绍 Jarque-Bera 检验与 Lilliefors 检验，列联表分析只介绍了行列变量独立性检验。

7.11　练习题

1. 随机产生一个服从威布尔分布(其中参数分别为 2,0.5)的随机向量，分量个数为 200 个，利用正态概率纸法检验这个随机样本不服从正态分布。

2. 每个单位时间段某事件发生次数和观察频数如下表所示：

发生次数	观察频数	发生次数	观察频数
0	39	3	18
1	30	4	3
2	30		

利用 $\alpha=0.05$ 进行拟合优度检验，以判断数据是否符合泊松分布。（提示：首先计算出发生次数的样本平均数，用以估计泊松分布的参数 λ，再计算出发生次数对应的概率值 $P(X=k)=\frac{\lambda^k e^{-\lambda}}{k!}$，$k=0,1,\cdots,4,5$ 或 5 以上（若某个类别的期望频数小于 5，则需与其相邻类别合并），检验统计量分布的自由度为类别数减 2，最后可根据例 7.2 的函数 chitest() 进行检验。）

3. 某种产品的月需求量被认为服从正态分布，样本观测值如下：

18,20,22,27,22,25,22,27,25,24,26,23,20,24,26

27,25,19,21,25,26,25,31,29,25,25,28,26,28,24

样本均值为 24.5，样本标准差为 3。取 $\alpha=0.1$，利用拟合优度检验检验样本数据是否服从正态分布。（提示：首先对连续的观测数据进行合理的分组，得出频数分布表，再利用样本均值和样本方差估计总体均值和方差，计算样本数据落入每个类别的概率，若某个类别的期望频数小于 5，则需与其相邻类别合并，检验统计量分布的自由度维类别数减 3。）

4. 利用随机模拟产生服从正态分布 $N(5,16)$ 的 20 个样本，根据模拟的随机样本进行 Kolmogorov 检验。

5. 利用随机模拟产生服从均值为 15 的指数分布的 50 个样本，根据模拟的随机样本进行 Jarque-Bera 检验。

6. 利用随机模拟产生服从均值为 5 的指数分布的 10 个样本，根据模拟的随机样本进行 Lilliefors 检验。

7. 某杂志对其订阅者职业进行了调查，对应于该杂志及其增刊订阅者职业的样本调查结果如下表所示。取 $\alpha=0.05$，检验订阅者的职业与杂志类别是否独立。

订阅者职业	杂志类别	
	杂志	增刊
教育工作者	1105	417
企业职工	485	344
个体户	31	15
政府工作人员	230	185

项目 8

回归分析

8.1 实验目的

回归分析是研究变量之间的相互依存关系的一种方法。根据自变量的个数它可分为一元回归分析和多元回归分析；根据模型表达式的类型它又可分为线性回归分析和非线性回归分析。当线性回归模型中正规方程组的系数矩阵 $X'X$ 接近奇异时，可采用改进的最小二乘法——岭回归进行建模分析。在多元线性回归分析中，自变量的选择十分重要，大体有四类筛选变量的方法，其中逐步回归是筛选自变量的常用数学方法。本实验目的旨在使学生利用 Matlab 7.0 的工具箱进行回归分析，包括一元与多元线性回归模型的参数估计；岭回归；逐步回归；非线性回归；回归诊断等。

8.2 实验原理

1. 线性回归模型的参数估计

线性回归模型（我们事先约定线性回归的"线性"二字是针对参数而言，并不是针对解释变量（自变量）的。）包括一元线性回归模型和多元线性回归模型。这两种回归模型的回归系数都采用最小二乘法进行估计，所以我们可把这一元线性回归模型的参数估计看成是多元线性回归模型参数估计的特例，即一元线性回归是自变量个数为 1 的多元线性回归模型。

(1)线性回归模型参数的最小二乘估计

设对响应变量 y 有显著影响的自变量有 p（$p\geqslant 1$）个，分别为 $x_1, x_2, \cdots, x_p$，同时假设 y 与 $x_1, x_2, \cdots, x_p$ 之间的关系如下式

$$y=\beta_0+\beta_1 x_1+\beta_2 x_2+\cdots+\beta_p x_p+\varepsilon$$

则对响应变量 y 及解释变量 $x_1,x_2,\cdots,x_p$ 作 n 次观测后，所得 n 组观测样（$y_i,x_{1i},x_{2i},\cdots,x_{pi}$）（$i=1,2,\cdots n$）将满足如下关系式

$$y_i=\beta_0+\beta_1 x_{1i}+\beta_2 x_{2i}+\cdots+\beta_p x_{pi}+\varepsilon_i\ (i=1,2,\cdots,n) \tag{8.1}$$

式(8.1)称为多元线性回归模型的一般形式。（$y_i,x_{1i},x_{2i},\cdots,x_{kp}$）为第 i 次观测样本；$\beta_j(j=0,1,\cdots,p)$ 为模型参数；ε_i 为随机扰动项，独立同分布，且服从 $N(0,\sigma^2)$。由于习惯上把常数项看成一个虚变量的系数，在参数估计过程中该虚变量的样本观测值始终取 1。这样，模型中自变量的个数为 $p+1$。

由式(8.1)，可得

$$E(y_i)=\beta_0+\beta_1 x_{1i}+\beta_2 x_{2i}+\cdots+\beta_p x_{pi}\ (i=1,2,\cdots,n) \tag{8.2}$$

式(8.2)是自变量的多元线性函数，称为总体回归方程。

为了方便起见，常采用矩阵表达式。定义

$$\boldsymbol{Y}=\begin{bmatrix} y_1 \\ y_2 \\ \vdots \\ y_n \end{bmatrix} \qquad \boldsymbol{X}=\begin{bmatrix} 1 & x_{11} & x_{21} & \cdots & x_{p1} \\ 1 & x_{12} & x_{22} & \cdots & x_{p2} \\ \vdots & \vdots & \vdots & & \vdots \\ 1 & x_{1n} & x_{2n} & \cdots & x_{pn} \end{bmatrix}$$

$$\boldsymbol{\beta}=\begin{bmatrix} \beta_0 \\ \beta_1 \\ \vdots \\ \beta_p \end{bmatrix} \qquad \varepsilon=\begin{bmatrix} \varepsilon_1 \\ \varepsilon_2 \\ \vdots \\ \varepsilon_n \end{bmatrix}$$

利用矩阵运算，式(8.1)表示成矩阵形式为

$$\begin{bmatrix} y_1 \\ y_2 \\ \vdots \\ y_n \end{bmatrix}=\begin{bmatrix} 1 & x_{11} & x_{21} & \cdots & x_{p1} \\ 1 & x_{12} & x_{22} & \cdots & x_{p2} \\ \vdots & \vdots & \vdots & \cdots & \vdots \\ 1 & x_{1n} & x_{2n} & \cdots & x_{pn} \end{bmatrix}\begin{bmatrix} \beta_0 \\ \beta_1 \\ \vdots \\ \beta_p \end{bmatrix}$$

则多元线性回归模型的矩阵形式表示如下

$$\boldsymbol{Y}=\boldsymbol{X\beta}+\boldsymbol{\varepsilon} \tag{8.2}$$

称 $\boldsymbol{Y}$ 为响应变量的观测向量，$\boldsymbol{\beta}$ 为未知参数向量，$\boldsymbol{X}$ 为结构矩阵，ε 为 n 维随机误差向量，其联合分布为 n 维正态分布，记为：$N_n(0,\sigma^2 I_n)$，其中 I_n 是 n 阶单位

矩阵。由多元正态分布的性质可知，Y 也服从 n 维正态分布，记为：$\boldsymbol{Y} \sim N_n(\boldsymbol{X\beta}, \sigma^2 I_n)$。

设多元线性样本回归方程为

$$\hat{\boldsymbol{Y}} = \boldsymbol{X}\hat{\boldsymbol{\beta}}$$

从而有残差向量

$$\boldsymbol{e} = \boldsymbol{Y} - \hat{\boldsymbol{Y}} = \begin{bmatrix} e_1 \\ e_2 \\ \vdots \\ e_n \end{bmatrix} = \begin{bmatrix} y_1 - \hat{y}_1 \\ y_2 - \hat{y}_2 \\ \vdots \\ y_n - \hat{y}_n \end{bmatrix}$$

$$Q = \sum {e_i}^2 = \boldsymbol{e}'\boldsymbol{e} = (\boldsymbol{Y} - \boldsymbol{X}\hat{\boldsymbol{\beta}})'(\boldsymbol{Y} - \boldsymbol{X}\hat{\boldsymbol{\beta}})$$

根据最小二乘原理，参数估计值应该是下列方程组

$$\frac{\partial}{\partial \hat{\boldsymbol{\beta}}}(\boldsymbol{Y} \quad \boldsymbol{X}\hat{\boldsymbol{\beta}})'(\boldsymbol{Y} - \boldsymbol{X}\hat{\boldsymbol{\beta}}) = 0 \text{ 的解。}$$

即
$$\begin{aligned}
\frac{\partial(\boldsymbol{Y} - \boldsymbol{X}\hat{\boldsymbol{\beta}})'(\boldsymbol{Y} - \boldsymbol{X}\hat{\boldsymbol{\beta}})}{\partial \hat{\boldsymbol{\beta}}} &= \frac{\partial}{\partial \hat{\boldsymbol{\beta}}}(\boldsymbol{Y}' - \hat{\boldsymbol{\beta}}'\boldsymbol{X}')(\boldsymbol{Y} - \boldsymbol{X}\hat{\boldsymbol{\beta}}) \\
&= \frac{\partial}{\partial \hat{\boldsymbol{\beta}}}(\boldsymbol{Y}'\boldsymbol{Y} - \boldsymbol{Y}'\boldsymbol{X}\hat{\boldsymbol{\beta}} - \hat{\boldsymbol{\beta}}'\boldsymbol{X}'\boldsymbol{Y} + \hat{\boldsymbol{\beta}}'\boldsymbol{X}'\boldsymbol{X}\hat{\boldsymbol{\beta}}) \\
&= \frac{\partial}{\partial \hat{\boldsymbol{\beta}}}(\boldsymbol{Y}'\boldsymbol{Y} - 2\hat{\boldsymbol{\beta}}'\boldsymbol{X}'\boldsymbol{Y} + \hat{\boldsymbol{\beta}}'\boldsymbol{X}'\boldsymbol{X}\hat{\boldsymbol{\beta}}) \\
&= -2\boldsymbol{X}'\boldsymbol{Y} + 2\boldsymbol{X}'\boldsymbol{X}\hat{\boldsymbol{\beta}} \\
&= 0
\end{aligned}$$

即
$$\boldsymbol{X}'\boldsymbol{Y} = \boldsymbol{X}'\boldsymbol{X}\hat{\boldsymbol{\beta}}$$

当自变量之间不存在多重共线性时，矩阵 $\boldsymbol{X}$ 为满秩矩阵，系数行列式 $|\boldsymbol{X}'\boldsymbol{X}| \neq 0$，则 $(\boldsymbol{X}'\boldsymbol{X})^{-1}$ 存在，用 $(\boldsymbol{X}'\boldsymbol{X})^{-1}$ 左乘上述方程两端，就得到参数的最小二乘估计值为

$$\hat{\boldsymbol{\beta}} = (\boldsymbol{X}'\boldsymbol{X})^{-1}\boldsymbol{X}'\boldsymbol{Y}$$

(2)线性回归模型参数的区间估计

由于模型的参数 β_i 的估计量$\hat{\beta}_i$ 是由样本观测值决定的，在多次重复抽样中，每次的样本观测值不可能完全相同，所以得到的点估计值也不可能相同．那么由一组样本观测值得到的$\hat{\beta}_i$ 与模型的参数 β_i 的接近程度如何？以多大的概率达到接近程度？这就要构造参数 β_i 的一个区间，以点估计值$\hat{\beta}_i$ 为中心的一个区间（称为置信区间），该区间以一定的概率（称为置信水平）包含该参数 β_i。

根据多元线性回归模型的基本假定，扰动项矩阵 ε 服从多元正态分布

$$\varepsilon \sim N(0, \sigma_\varepsilon{}^2 \boldsymbol{I}_n)$$

由式$\hat{\boldsymbol{\beta}} = \boldsymbol{\beta} + (\boldsymbol{X}'\boldsymbol{X})^{-1}\boldsymbol{X}'\boldsymbol{\varepsilon}$ 可以知道参数估计$\hat{\boldsymbol{\beta}}$中的任何一个元素$\hat{\beta}_i$ 等于矩阵 $\boldsymbol{\beta}$ 中的对应元素β_i 加上 $\varepsilon_j\ (j=0,1,\cdots,n)$的线性组合。由 ε 服从多元正态分布，得到$\hat{\boldsymbol{\beta}}$也服从多元正态分布，即

$$\hat{\boldsymbol{\beta}} \sim N(\boldsymbol{\beta}, \sigma^2(\boldsymbol{X}'\boldsymbol{X})^{-1})$$

若以 c_{ii} 表示矩阵$(\boldsymbol{X}'\boldsymbol{X})^{-1}$主对角线上的第 i 个元素，于是参数估计量$\hat{\beta}_i$ 的方差为

$$\mathrm{var}(\hat{\beta}_i) = \sigma^2 c_{ii}$$

因此$\hat{\beta}_i$ 服从下列正态分布

$$\hat{\beta}_i \sim N(\beta_i, \sigma^2 c_{ii})。$$

由于 σ^2 无法得到，只能用它的无偏估计$\hat{\sigma}^2 = \dfrac{e'e}{n-p-1}$近似代替 σ^2。

构造统计量

$$t = \frac{\hat{\beta}_i - \beta_i}{\sqrt{c_{ii}\hat{\sigma}_\varepsilon{}^2}} = \frac{\hat{\beta}_i - \beta_i}{\sqrt{c_{ii}\dfrac{e'e}{n-p-1}}}$$

由数理统计知识，该统计量服从自由度为$(n-p-1)$的 t 分布，即

$$t = \frac{\hat{\beta}_i - \beta_i}{s_{\hat{\beta}_i}} \sim t(n-p-1)$$

其中 $s_{\hat{\beta}_i} = \sqrt{c_{ii}\hat{\sigma}_\varepsilon{}^2}$，也就是说，若给定显著性水平 α（或置信水平 $1-\alpha$），从 t 分布

表中查得自由度为$(n-p-1)$的临界值$t_{\alpha/2}$，那么t值处在$[-t_{\alpha/2},t_{\alpha/2}]$的概率是$1-\alpha$，表示为

$$p(-t_{\alpha/2}<t\leqslant t_{\alpha/2})=1-\alpha$$

即
$$p\left(-t_{\alpha/2}\leqslant\frac{\hat{\beta}_i-\beta_i}{s_{\hat{\beta}_i}}\leqslant t_{\alpha/2}\right)=1-\alpha$$

$$p(\hat{\beta}_i-t_{\alpha/2}\times s_{\hat{\beta}_i}\leqslant\beta_i\leqslant\hat{\beta}_i+t_{\alpha/2}\times s_{\hat{\beta}_i})=1-\alpha$$

得到在$1-\alpha$的置信水平下β_i的置信区间是

$$[\hat{\beta}_i-t_{\alpha/2}\times s_{\hat{\beta}_i},\hat{\beta}_i+t_{\alpha/2}\times s_{\hat{\beta}_i}]$$

2. 回归诊断——残差图分析

在一元和多元线性回归模型中，我们作了如下四个假定：(1)$E(Y)$是x_1，x_2，…，x_p的线性函数，这里$p\geqslant1$；(2)各次试验的误差项ε_1，ε_2，…，ε_p相互独立；(3)各次试验的误差项的方差相同，即$Var(\varepsilon_i)=\sigma^2$，$i=1,2,\cdots,n$；(4)各次试验的误差服从正态分布。

在实际问题中这一些假定是否成立？即模型的四个假定条件是否适合数据？在我们拟合一个回归模型前，我们并不能肯定这个模型适用于所给数据，因此拟合一个模型后，必须在将之应用到实际之前进一步考察模型对所给数据的适用性。若拟合的模型不能较好的反应数据的特点，就必须对模型进行必要的修正或者对数据进行某些处理。在这一方面，残差是诊断的重要工具。由残差e的定义可知，若模型正确，将$e_i(i=1,2,\cdots,n)$近似看作第i次的测量误差，可基本上反映未知误差$\varepsilon_i(i=1,2,\cdots,n)$的特性，所以可以利用残差的特点反过来考察原模型的合理性。通过残差分析，除了对上述四条假定进行诊断外，还可在在一定程度上诊断观测值中是否有异常值存在和是否在模型拟合或收集数据中遗漏了某些重要的自变量。

残差图是指以残差为纵轴，以任何其它指定的量为横坐标的散点图。横坐标常选用观测时间或观测值序号、观测值Y的拟合值$\hat{Y}$和某个自变量$X_j(j=1,2,\cdots,p)$。通过对残差图进行分析可对误差的方差齐性、独立性及回归函数中是否应包含其它的自变量或自变量的高次项或交叉乘积项等问题给出直观的检验。譬如，若模型适当，以拟合值$\hat{Y}$为横坐标的残差图应呈现出样本点在水平带状区域内随机无趋势的散布。若出现其它形状，则可能说明所选回归函数形式不当，应该在拟合模型前对Y作变换或应在函数中添加某些变量的高

次项或交叉项；也可能是误差方差不是常数；还可能是拟合数据和真实数据间存在系统偏差，这可能是由于在测量数据时遗漏了某些对响应变量有显著影响的自变量造成的。

3. 岭回归

当线性回归的结构矩阵 $\boldsymbol{X}$ 呈病态时，即系数行列式 $|\boldsymbol{X}'\boldsymbol{X}|\approx 0$，则虽然 $(\boldsymbol{X}'\boldsymbol{X})^{-1}$存在，但 $\boldsymbol{\beta}$ 的最小二乘估计 $\hat{\boldsymbol{\beta}}$的均方误差将会变大且不稳定。为了显著改善自变量存在多重共线性时最小二乘估计的均方误差，增强估计的稳定性，引入岭回归。

岭回归方法主要是在病态的矩阵（$\boldsymbol{X}'\boldsymbol{X}$）中沿主对角线人为地加进正数，从而使矩阵（$\boldsymbol{X}'\boldsymbol{X}$）的最小特征值稍稍变大些。由前述内容可知 $\boldsymbol{\beta}$ 的最小二乘估计为

$$\hat{\boldsymbol{\beta}}=(\boldsymbol{X}'\boldsymbol{X})^{-1}\boldsymbol{X}'\boldsymbol{Y}$$

则 $\boldsymbol{\beta}$ 的岭估计定义为

$$\hat{\boldsymbol{\beta}}(k)=(X'X+kI_{p+1})^{-1}\boldsymbol{X}'\boldsymbol{Y},\ 0<k<+\infty,$$

从上式可看出，当 $k=0$ 时，它就是最小二乘估计，当 $k\to+\infty$ 时，$\hat{\beta}(k)\to 0$。当 k 取多大值较合适呢？由于 $\hat{\boldsymbol{\beta}}(k)=(\boldsymbol{X}'\boldsymbol{X}+kI_{p+1})^{-1}\boldsymbol{X}'\boldsymbol{Y}$ 是 k 的函数，所以在二维坐标平面上若以横轴为 k，纵轴为 $\hat{\beta}(k)$，则可画出一条曲线。我们称它为岭迹。根据岭估计的性质，当 $k=0$ 时，岭迹反映最小二乘估计的不稳定性；当 $k\to+\infty$ 时，岭迹将趋于 0。在 0 到 $+\infty$ 的变化过程中，$\hat{\beta}(k)$ 的变化可能比较复杂。如何选择岭参数 k，由于岭回归计算程序及输出岭迹的程序都不难，在本书中我们采用岭迹图示分析法，即观察岭迹曲线，原则上应选取使$\hat{\beta}(k)$的稳定的最小 k 值，同时残差平方和也不增加太多。

4. 逐步回归

在许多实际问题中，当可供选择的自变量不太多时，可用最小二乘法求出一切可能的回归方程，然后用一些准则去判断哪些方程是较好的拟合模型，但当可供选择的自变量较多时，这种穷举法很不实用，我们需要寻找一些简便快速的方法较快的找到好的方程。逐步回归法是目前使用较普遍的选择“最优”回归模型的一种方法，变量既可进入模型又可被剔除出模型。它与穷举法相比，计算量较小，而且一般可以找到一个较合理的最优回归方程。但是该方法最终只提供一个“最优”方程，而无其它选择余地。

逐步回归法的其基本思想是变量一一引入，对所要引入的变量用偏回归平方和作 F 检验，显著时才引入；而一旦新的变量引入后又要对老的变量重新检验，当它变成不显著了就要将它从方程中剔除，直到没有变量可删除也没有变量可引入时为止。最后对所选上的变量建立线性回归方程。这种方法虽然不能从理论上证明所建立的方程在什么意义上是"最优"的，但它能保证最后所得的方程中每一个系数均是显著的，又由于计算机的普及，只需用求解求逆紧凑变化就可以完成选变量与建立方程的工作，所以获得了较广泛的应用。

5. 非线性回归

(1)可线性化的非线性回归模型

虽然因变量 Y 与解释变量 $X_1, X_2, \cdots, X_p$ 或未知参数 β_0、β_1、β_p 之间不存在线性关系，但能通过适当的变换将其化为标准的线性回归模型，称这类回归模型为可线性化的非线性回归模型。

(2)不可线性化的非线性回归模型

不仅因变量 Y 与解释变量 $X_1, X_2, \cdots, X_p$ 和未知参数 β_0、β_1、β_p 之间不存在线性关系，而且不能通过适当的变换将其化为标准的线性回归模型，称这类模型为不可线性化的非线性回归模型。

8.3 实验数据

本实验项目选取几组不同的数据进行相应的回归分析。

为研究职工每年无故缺勤的天数和职工从家里到工作单位的距离之间的关系，随机选取 10 名职工组成一个样本，数据如表 8.1 所示

表 8.1 10 名职工缺勤的天数与到工作单位的距离数据

到单位的距离(英里)	1	3	4	6	8	10	12	14	14	18
无故缺勤的天数	8	5	8	7	6	3	5	2	4	2

响应变量 y 和自变量 X_1、X_2 的观测数据如表 8.2 所示

表 8.2 响应变量 y 和自变量 X_1、X_2 的观测数据

响应变量 y	2.01	1.99	4.01	5.99	8.01	7.99	10.01	11.99
X_1的值	0.99	1.02	2.03	2.97	3.96	4.01	5.04	6.05
X_2的值	1.01	0.99	1.99	3.01	4.01	3.99	4.99	5.99

为研究生产率 X(单位/周)与废料率 Y(%)之间的关系,表中的数据拟合适当的模型。

表 8.3　生产率与废料率的数据

生产率 X	1000	2000	3000	3500	4000	4500	5000
废料率 Y	5.2	6.5	6.8	8.1	10.2	10.3	13.0

8.4　线性回归模型的参数估计

8.4.1　线性回归模型参数的最小二乘估计

利用统计工具箱的函数 regress 实现一元或多元线性回归模型参数的最小二乘估计。

函数　regress

格式　b=regress (y,X)

%X 为结构矩阵,即一个取值全为 1 的虚变量和 p 个自变量构成的回归变量矩阵; y 为响应变量的观测向量。b 返回模型参数的最小二乘估计值。

【例 8.1】　估计一元线性回归模型 $y=8.9+2.5x+\varepsilon$, $\varepsilon\sim N(0,0.04I)$,其中 I 为单位矩阵。

解:在命令窗口输入如下命令:

```
>> b=[8.9  2.5]';
>>%模型参数
>> X=[ones(20,1) (1:20)'];
>>%结构矩阵
>>v=normrnd(0,0.2,20,1);
>>%误差项向量
>>y=X*b+v
>>%观测向量
>> b=regress(y,X)
>>%回归参数的最小二乘估计值
```

运行后结果显示如下

y=[11.4318　13.6110　16.5264　19.2135　21.2558　24.0710
26.6555　28.5912　31.1271　34.0348　36.3459　39.0692　41.5996

44.0841　46.7051　49.0860　51.6958　53.7224　56.4642　58.9421]'

b=8.8872

　2.5071

图 8.1　一元线性回归方程参数的最小二乘估计结果

结果说明：由以上输出结果和图 8.1 可知，模型的参数估计值分别为 8.8872 和 2.5071，与参数真值 8.9 和 2.5 较接近。

8.4.2　线性回归模型参数的区间估计

在实际应用中，只给出回归模型参数的点估计还不行，还需知道估计的精度，则仍需进一步求出参数的区间估计。利用函数 regress 求出回归模型参数的区间估计

函数　regress

格式　[b,bint,r,rint,stats]=regress (y,X)

% *b* 返回模型参数的估计值；bint 返回参数的 95%置信区间；r 返回残差；rint 返回残差的 95%置信区间；stats 返回统计量——拟合优度 R^2、F 检验统计量及 F 检验对应的 p—值。

[b,bint,r,rint,stats]=regress (y,X,alpha)

%alpha 是显著性水平

【例 8.2】（续例 8.1），利用例 8.1 中的数据结构矩阵和响应值的观测值，求出回归参数 90%的置信区间和残差 90%的置信区间。

解:在命令窗口输入如下命令:

```
>>[b,bint,r,rint]=regress (y,X,0.1)
>>% alpha=0.1
```

运行后结果如下:

```
b=8.8872
  2.5071
bint=8.7227   9.0517
     2.4934   2.5208
r=[0.0376   -0.2904   0.1179   0.2980   -0.1669   0.1413
0.2187   -0.3527   -0.3239   0.0767   -0.1193   0.0969   0.1202
0.0977   0.2115   0.0854   0.1881   -0.2924   -0.0577   -0.0868]'
rint=-0.2909   0.3660
   -0.6015   0.0208
   -0.2174   0.4533
   -0.0214   0.6173
   -0.5062   0.1725
   -0.2030   0.4856
   -0.1208   0.5581
   -0.6734   -0.0319
   -0.6512   0.0034
   -0.2769   0.4303
   -0.4708   0.2322
   -0.2553   0.4491
   -0.2295   0.4700
   -0.2516   0.4470
   -0.1263   0.5494
   -0.2593   0.4301
   -0.1458   0.5219
   -0.6083   0.0235
   -0.3910   0.2757
   -0.4136   0.2399
```

结果说明:由以上输出结果可知,常数项 90% 的置信区间为[8.7227, 9.0517],包含参数真值 8.9 在内;斜率项系数 90% 的置信区间为[2.4934,

2.5208],也包含参数真值 2.5 在内估计,说明该区间是来自于 100 个估计区间中包含参数真值的那 90 个。20 个残差值的区间估计都包含 0 在内,说明这 20 个观测值中无异常值。

【例 8.3】 根据表 8.1 的数据,利用函数 regress 估计两变量间的线性回归方程。

解:在命令窗口输入如下命令

```
>>x=[1 1 1 1 1 1 1 1 1 1; 1 3 4 6 8 10 12 14 14 18]';
>>y=[8 5 8 7 6 3 5 2 4 2]';
>> [b,bint,r,rint,stats]=regress(y,x,0.05)
>> rcoplot(r,rint)
```

运行后结果如下:

```
b=8.0978
  -0.3442
bint =6.2327     9.9630
     -0.5232    -0.1652
r=[0.2464  -2.0652  1.2790  0.9674  0.6558  -1.6558
1.0326  -1.2790  0.7210  0.0978]'
rint=-2.3429   2.8357
     -4.1949   0.0645
     -1.3546   3.9126
     -1.8704   3.8052
     -2.2989   3.6105
     -4.2967   0.9851
     -1.7877   3.8529
     -3.9126   1.3546
     -2.0689   3.5109
     -2.3763   2.5719
stats=  0.7109  19.6677  0.0022
```

结果说明:由以上输出结果可知,拟合的回归方程为 $y=8.0978-0.3442x$,其中常数项 95%的置信区间为[6.2327,9.963];斜率项系数 95%的置信区间为[-0.5232,-0.1652]。10 个残差值的区间估计都包含 0 在内,说明这 20 个观测值中无异常值,图 8.2 也可看出每个残差的估计区间都穿过了 0 水平线。由 stats 统计量的输出结果可看出:拟合优度 $R^2=0.7109$,从拟合好坏的角度看认为可接受该回归方程，F 检验统计量=19,6677 及 F 检验对应的 p-值=0.0022,从方程的显著性检验结果 p-值=0.0022<0.05,可认为该方程显著,即认为从家到工作单位的距离是无故缺勤的重要解释原因。

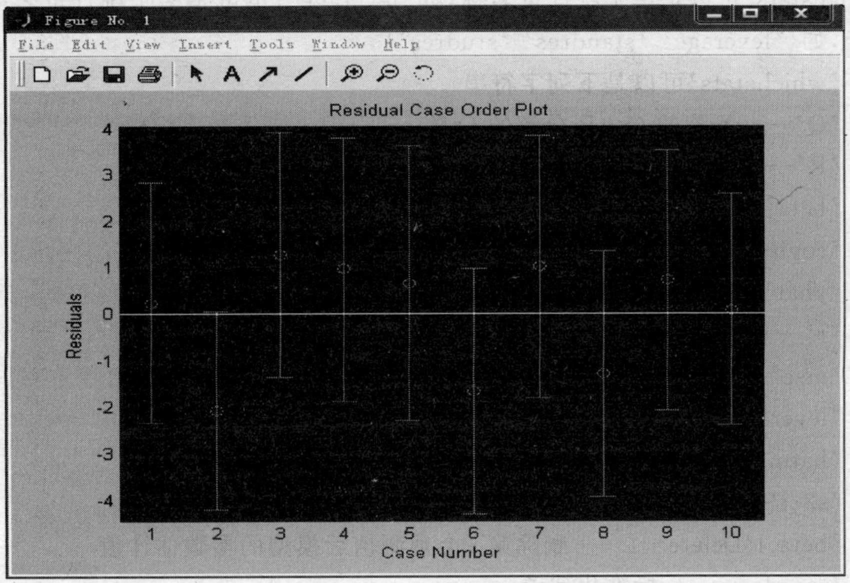

图 8.2 残差图

8.5 回归诊断

利用最小二乘法估计的回归模型是否可用,除了要判断回归模型在统计意义上是否显著外,还要通过残差图来反映误差项是否满足模型的假设条件。利用回归诊断函数 regstats 进行线性模型的回归诊断,判断数据是否符合线性回归模型的假设要求。

函数 regstats

格式 stats=regstats(responses,DATA,'model')

%responses 为响应值,DATA 为 p 个自变量构成的矩阵,'model'可以是下列字符串:

'linear'——表示模型中包含常数项和线性项(为缺省值)

'interaction'——表示模型中包含常数项、线性项和交叉乘积项

'quadratic'——表示模型中包含交叉乘积项和二次项

'purequadratic'——表示模型中包含常数项、线性项和二次项。

stats=regstats(responses,DATA,'model','whichstats')

%产生一个输出结构 stats,其中包含由'whichstats'指定的统计量值。'whichstats'可以是单个统计量名称,如'leverage';也可是多个统计量名称的集合,如{'leverage' 'standres' 'studres'}

'whichstats'可以是下列字符串

'Q'——X 阵的 Q－R 分解的 Q 阵

'R'——X 阵的 Q－R 分解的 R 阵

'beta'——回归系数

'covb——回归系数的协方差

'yhat'——响应变量的拟合值

'r'——残差

'mse'——均方误差

'leverage'——显著性水平

'hatmat'——投影矩阵的估计阵

's2_i'——删除第 i 个观测值后模型方差的估计

'beta_i'Delete－1——删除第 i 个观测值后模型的参数估计值

'standres'——标准化残差

'studres'——学生化残差

'dfbetas'——回归系数的变化量

'dffit'——拟合值得变化量

'covratio'——协方差的变化

'cookd'——Cook 距离

'all'——上述所有的统计量

【例 8.4】 (续例 8.3)对例 8.3 中拟合的模型利用 regstats 进行诊断,判断所用数据是否符合模型假定。

解:在命令窗口输入如下命令

>>x=[1 3 4 6 8 10 12 14 14 18]'; %读入自变量矩阵

>>y=[8 5 8 7 6 3 5 2 4 2]'; %读入响应变量向量值

>>s=regstats(y,x,'linear',{'yhat','r'}); %输出回归诊断统计量——响应变量拟合值和残差

>>scatter(s.yhat,s.r) %画出以响应变量拟合值为横轴、残差为纵轴的散点图。

>>xlabel('Fitted Values'); ylabel('Residuals'); %标注横坐标轴为'Fitted Values',纵坐标轴为'Residuals'。

运行后结果如图 8.3 所示

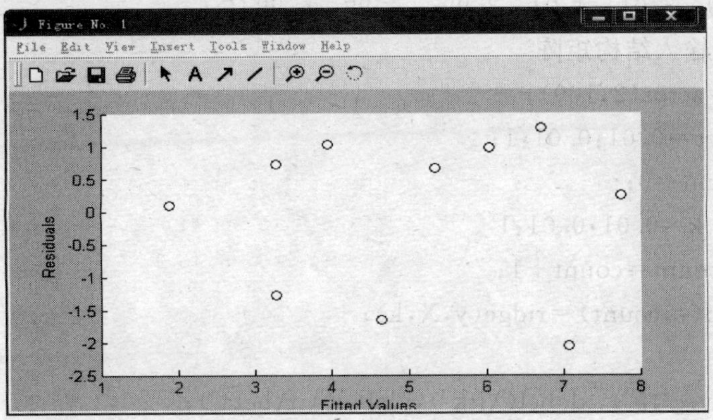

图 8.3 拟合值一残差图

结果说明:由输出结果图 8.3 可知,利用一元线性回归模型拟合表 8.1 的数据较恰当。拟合值一残差图中的数据点落在估计的带形区域内,且呈随机分布,说明响应值的观测样本数据满足零均值、独立性、同方差性和线性性的假设条件。

8.6 岭回归

当线性回归的结构矩阵 $\boldsymbol{X}$ 呈病态时,则虽然 $(\boldsymbol{X}'\boldsymbol{X})^{-1}$ 存在,但 $\boldsymbol{\beta}$ 的最小二乘估计 $\hat{\boldsymbol{\beta}}$ 的均方误差将会变大且不稳定。为了改善自变量存在多重共线性时最小二乘估计的均方误差,增强估计的稳定性,利用函数 ridge 对普通最小二乘估计进行修正。

函数 ridge

格式 b=ridge(*y*,*X*,*k*)

%*y* 为响应值,*X* 为结构矩阵,*k* 为标量常数(岭系数)

当 $k=0$ 时,b 为最小二乘估计。当 k 增加时,b 的偏度增加,但其方差减小。对于情况较差的 X,经常降低对方差的要求来补偿偏度。

【例 8.5】 根据表 8.2 的数据,利用岭回归函数 ridge 估计岭回归模型系数和岭参数。

解:在命令窗口输入如下程序

```
>> y=[2.01  1.99  4.01  5.99  8.01  7.99  10.01  11.99]';
%输入响应变量值向量 y
X=[0.99  1.02  2.03  2.97  3.96  4.01  5.04  6.05;1.01
0.99  1.99  3.01  4.01  3.99  4.99  5.99]';
% 输入结构矩阵
b=zeros(2,100);
kvec=0.01:0.01:1;
count=0;
for k=0.01:0.01:1
   count=count+1;
   b(:,count)=ridge(y,X,k);
end
plot(kvec',b'),xlabel('\itk'),ylabel('\it\beta');
```

运行结果如图 8.4。

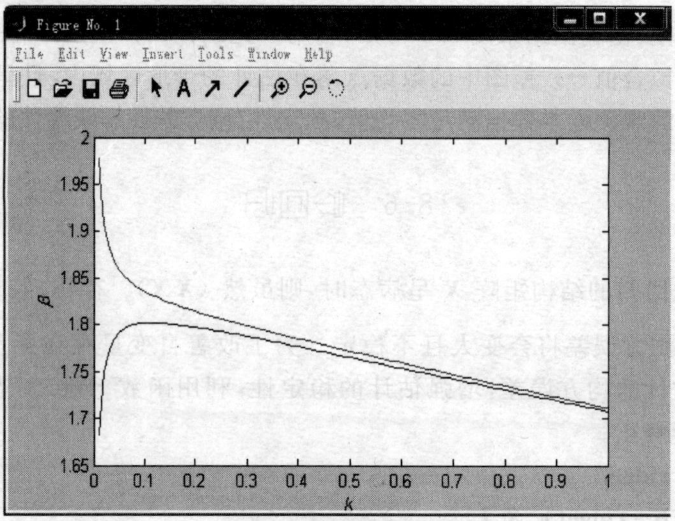

图 8.4 岭估计岭迹图

结果说明:由输出结果图 8.4 可看出,岭迹在 $k=0.02$ 处稳定下来了,取 $k=0.02$ 作为岭参数。

再令岭参数 $k=0.02$,操作命令为:

```
>>b=ridge(y,X,0.02)
```

得岭回归参数估计结果如下:

b=

　　1.7494

　　1.9085

结果说明：由于我们只关心斜率项系数的变化，所以只输出了岭回归系数 $\hat{\beta}_1=1.7494$ 和 $\hat{\beta}_2=1.9085$。

8.7 逐步回归

逐步回归是多元线性回归模型中选择回归变量的一种常用数学方法。利用函数 stepwisefit 或交互式图形界面(GUI)逐步回归工具 stepwise 进行逐步回归分析，得到局部最优的回归模型。

8.7.1 交互式图形工具

逐步回归函数 stepwise 提供一个交互式窗口，用户在这个窗口上可以自由地选择变量，进行统计分析。

函数　stepwise

格式　stepwise (X,y)

stepwise (X,y,inmodel,penter,premove)

% X 为自变量数据；y 为响应变量数据；inmodel 是初始模型中包含的自变量；pernter 和 premove 分别表示引入和剔除变量的阀值，默认时 pernter=0.05，premove=0.1。

【例 8.6】 利用 matlab 自带的数据文件 hald(该文件中包含一个 13 行 5 列的矩阵，其中前四列 ingredients 为四个自变量的数据矩阵，第五列 heat 为响应变量值。Hald 中数据来自不同的水泥混合物反应热的研究，每种混合物有四种成分，反应所产生的热量取决于混合物中各成分的多少。)，演示逐步回归交互式图形工具的应用。

解：首先装载数据文件 hald，再进行逐步回归分析，操作如下所示：

```
>>load hald                          %装载数据文件 hald
  stepwise(ingredients,heat)         %交互式图形工具进行逐步回归
```

运行 stepwise 命令会产生三个相关联的图形窗口，如图 8.5～8.7 所示。三个窗口都有激活区，当鼠标移动至其中一个区域时，鼠标指针会由箭头变成圆圈。点击此点可在此区域进行下一步操作。我们可利用这个交互式工具进行手工引入或剔除某个变量。

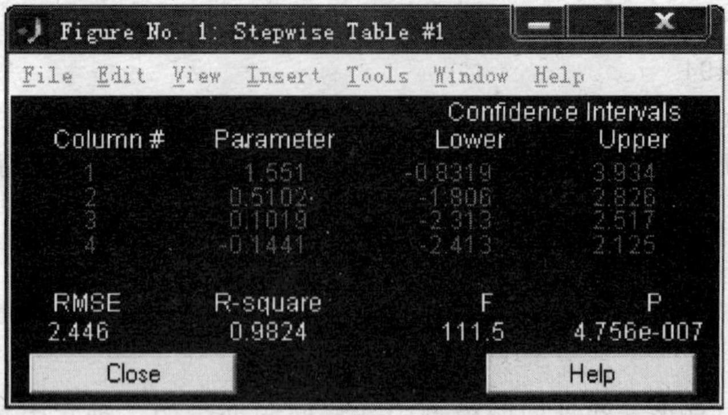

图 8.5 逐步回归诊断表

图 8.5 是逐步回归图的一个量化显示,该表显示了每项(模型的输入或输出)的回归系数和置信区间。表中绿色的行代表模型中的项,而红色行代表目前不在模型中的项。用鼠标点击表中的一行,可以改变其状态,即目前在模型中的一个变量(绿色的行)被剔除(变红),目前不在模型中的一个变量(红行)被加入(变绿)。某项被剔除出模型时的系数等于将其移入模型时的系数。

该图中还包含其它诊断统计量。

RMSE:目前模型误差的均方根;

R-square:能被模型所解释的响应变量的变异在其总变异所占的比例;

F:回归方程显著性检验的 F 检验统计量;

P:在原假设所有斜率项系数均为 0 成立的条件下,F 检验统计量大于其观测值的概率。

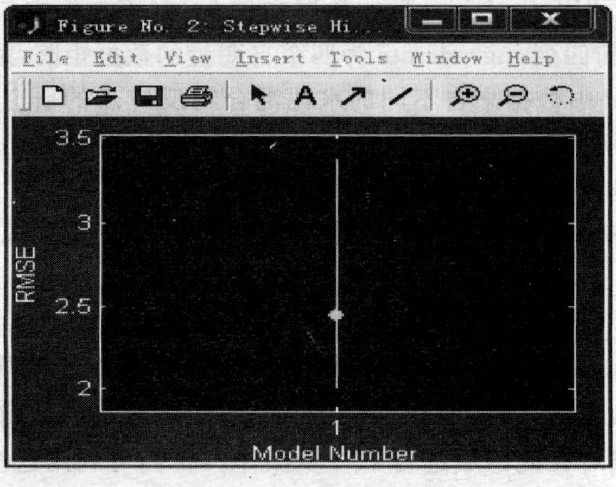

图 8.6 逐步回归历史图

图 8.6 显示了用户交互操作过程中生成的每个模型的 RMSE 和其置信区间。

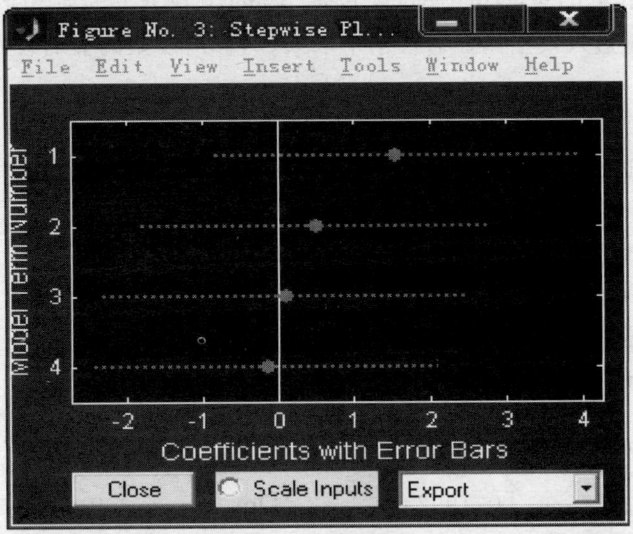

图 8.7 逐步回归图

图 8.7 显示了每项(模型的输入或输出)的回归系数和置信区间。绿色代表模型中的项,而红色代表目前不在模型中的项。粗线为统计意义上的显著项,点线表示拟合的系数与 0 没有显著差别。用鼠标点击图中的一条线,可以改变其状态,即目前在模型中的一个变量(绿线)被移出(变成红线),目前不在模型中的一个变量(红线)被加入(变成绿线)。某项被移出模型时的系数仍等于再将其移入模型时的系数。

8.7.2 命令行形式

利用命令进行逐步回归的函数是 stepwisefit。

函数 stepwisefit

格式 b=stepwisefit (X,y)

[b,se,pval,inmodel,stats,nextstep,history]=stepwisefit(X,y)

[…]=stepwisefit(X,y, 'Param1',value1, 'Param2',value2,…)

% X 为预测(自变量)变量;y 为响应变量。输出参数 b 是回归系数。

【例 8.7】 (续例 8.6)仍然根据 matlab 自带的数据文件 hald,利用命令行函数进行逐步回归分析。

解:首先装载数据文件 hald,再进行命令行逐步回归分析,操作如下所示:

>>load hald %装载数据文件 hald

>>b=stepwise(ingredients,heat, penter,0.05) %利用命令行函数进行逐步回归,变量进入模型的显著性水平取 0.05,移出模型的显著性水平取缺省值 0.1。

运行结果如下:

Intial columns include: none

Step 1,added column 4,p=0.000576232

Step 2,added column 1,p=0.000001105

Final columns include:1 4

上面描述的是逐步回归分析过程,最终得到

b='Coeff'	'Std. Err.'	'Status'	'P'
[1.44]	[0.1384]	'In'	0.000001053
[0.4161]	[0.1856]	'Out'	0.0517
[−0.41]	[0.1992]	'Out'	0.0697
[−0.614]	[0.0486]	'In'	0.0000001815

结果说明:由'Status'可知,回归模型中引入的变量是第一和第四个变量,回归系数为 1.44 0.4161 −0.41 0.614,因此回归模型为: $y=c+1.44x_1-0.614x_4$(c 是常数项)。

8.8 非线性回归

在实际问题中,两个变量之间的关系不一定都是线性的,而是某种非线性关系。对于非线性模型的拟合可以用非线性回归模型中的函数。但有些非线性模型可以通过适当变换化为线性模型,再用较简单的线性方法来处理,参数估计收敛速度较快。

8.8.1 可线性化的非线性模型

对于一些可线性化的曲线模型,其参数利用函数 glmfit 进行估计。

函数 glmfit

格式 b=glmfit (X,y, 'distr')

% 对响应变量 y,自变量 X 进行广义曲线拟合。可拟合的分布有:二项、泊松、伽玛、逆高斯、对数正态、正态(缺省)等分布。Y 是一个响应观测值向量,

但对于二项分布 y 是一个两列矩阵,第一列为计数值,第二列为实验次数。X 是 y 具有相同行数的矩阵,包含了每次观察的自变量值。输出参数 b 是回归系数估计向量。

b=glmfit (X,y, 'distr','link', 'estdisp',offset, pwts,'const')

% 拟合提供了附加控制。参数' link '指示了分布参数 μ 和拟合的线性组合 xb 之间的关系。一般情况下' link '取表 8.4 所示的值。

表 8.4 'link'的取值及含义

'link'	Meaning	Default (Canonical) Link
'identity'	$\mu=xb$	'normal'
'log'	$\log(\mu)=xb$	'poisson'
'logit'	$\log(\mu/(1-\mu))=xb$	'binomial'
'probit'	$\mathrm{norminv}(\mu)=xb$	
'comploglog'	$\log(-\log(1-\mu))=xb$	
'loglogl ink'	$\log(-\log(\mu))=xb$	
'reciprocal'	$1/\mu=xb$	'gamma'
p (a number)	$\mu p=xb$	'inverse gaussian' (withp=-2)

参数' estdisp '可为' on ',用来估计二项分布或泊松分布的离差参数;或为' off '(缺省),使用这些分布的理论值 1.0。glmfit 通常估计其它分布的离差值。参数 offset 和 pwts 为与 y 相同长度的向量,可省略。向量 offset 为特殊的预测变量,其系数为 1.0。参数 pwts 为预置权值向量。参数 ' const '可为 ' on',用来估计常数项,或为 ' off ',用来忽略常数项。

[b,dev, stats]=glmfit()

还返回输出 dev 和 stats。Dev 是解向量的偏差。

stats 为带有下列域的结构:

stats. def=误差的自由度

stats. s=离差参数的理论或估计值

stats. sfit=离差参数的估计值

stats. estdisp=如果离差为估计值则为 1,如果为固定值则为 0

stats. beta=系数估计值向量(同 b)

stats. se=系数估计值 b 的标准误差向量

stats. coeffcorr=b 的互相关矩阵

stats. t=b 的 t 统计量

stats. p＝b 的 t 概率值(p－值)

stats. resid＝残差向量

stats. residp＝Pearson 残差向量

stats. residd＝偏差的残差向量

stats. resida＝Anscombe 残差向量

【例 8.8】 根据表 8.3 的数据,利用可线性化的非线性模型拟合函数 glmfit 对生产率与废料率之间的关系进行建模。

解:在命令窗口输入数据和命令如下:

```
>>X=[1000   2000   3000   3500   4000   4500   5000]';
>>y=[ 5.2    6.5    6.8    8.1    10.2   10.3   13.0]';
>> [X y];
>>plot(X,y,'kx');
>>xlabel('生产率{\itx}') ; ylabel('废品率{\ity}') ;
```

运行结果为图 8.8。

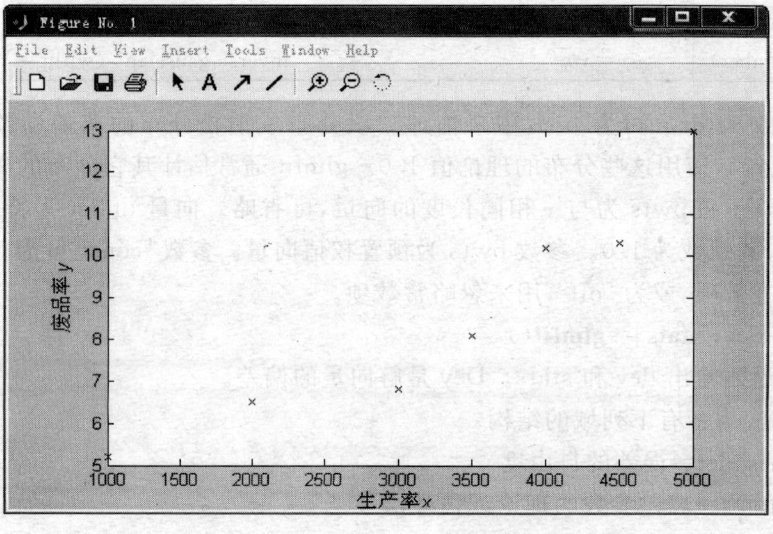

图 8.8 生产率与废品率的散点图

结果说明:由图 8.8 可知,生产率与废品率之间不是线性关系,不能用线性回归模型对上述数据进行拟合。图中曲线与指数分布的形状较接近,为了检验指数模型是否适合本例数据,用 $\ln y=b_1+b_2X$ 对应的坐标重新画图。接下来输入命令如下:

```
>>plot(X,log(y),'kx');
xlabel('生产率{\itx}'); ylabel('废品率对数{\ity}');
```

运行结果为图 8.9。

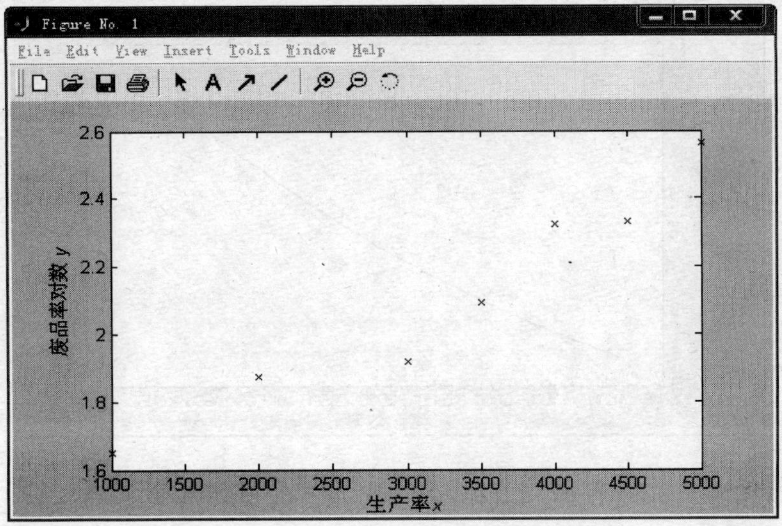

图 8.9 生产率与废品率对数的散点图

结果说明:由图 8.9 看出图形更接近于直线。

于是可用函数 glmfit 来拟合这个指数模型。继续输入命令:

```
>>b=glmfit (X,y,'poisson')
```

估计结果为:

```
b=1.3553
  0.0002
```

为了利用上述系数计算拟合后的废品率,必须进行对数变换。统计工具箱提供的函数 glmval 可以实现这种变换。利用 glmval 可以画出拟合后的废品率值,将其与原来数据点相画在同一张图上可进行比较。

接下来继续输入命令如下:

```
>> b=glmfit (X,y,'poisson');
>> x=900:100:5100 ;
>> y1=glmval(b,x,'log');
>> plot(X,y,'kx',x,y1,'k-')
>> xlabel('生产效率{\itx}'); ylabel('废品率{\ity1}');
```

运行结果如图 8.10 所示。

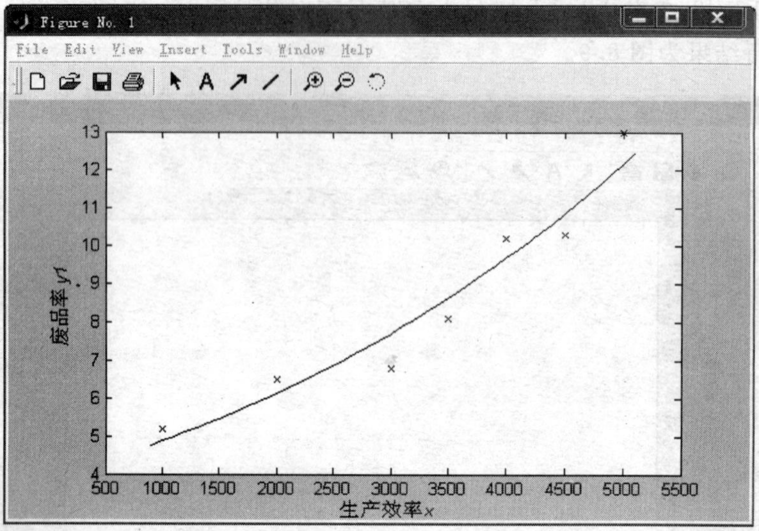

图 8.10　拟合前后数据比较

结果说明: 由图 8.10 可看出来,利用可线性化的非线性化模型拟合函数 glmfit 对样本数据进行建模,所得模型的拟合值与样本数据点十分接近,说明所选模型的类型恰当,函数 glmfit 的估计效果较好。

8.8.2　不可线性化非线性回归模型

对于不可线性化的非线性回归模型一般较难拟合,通常需要假定未知参数的一个初始值,然后反复迭代,每次迭代都会修改当前的估计值,直到算法收敛为止。Matlab 统计工具箱提供了几种常用的非线性模型分析函数。我们主要介绍函数 nlinfit——非线性最小二乘拟合;参数置信区间;预测值置信区间;交互式非线性拟合图形工具。

8.8.2.1　非线性最小二乘拟合

函数　nlinfit

格式　beta=nlinfit (X,y, FUN, beta())

%返回由 FUN 描述的非线性函数的系数。FUN 可为用@标识的函数句柄、内嵌函数或包含一个函数名的文本字符串。函数 FUN 具有如下形式:

$$\hat{y}=f(\beta,X)$$

即给定初始参数估计值 β 和对立变量 X 后,它返回 y 的预测值。矩阵 X 中,每个独立变量对应一列数据。响应输出 y 列向量，其元素个数与 X 的行数相同。

[beta,r,J]=nlinfit (X,y, FUN, beta())

返回拟合系数 beta、残差 r 和雅可比(Jacobi)矩阵。

8.8.2.2 非线性模型参数估计的置信区间

函数 nlparci

格式 ci=nlparci (beta, r, J)

%在给定残差 r 和雅可比矩阵 J 的条件下返回非线性最小二乘参数估计值 beta 的 95%的置信区间。置信区间的计算仅对系统中 J 的行数大于 beta 的长度有效。常利用 nlinfit 的输出作为输入。

8.5.2.3 非线性模型预测的置信区间

函数 nlpredci

格式 ypred=nlpredci (FUN, inputs, beta, r, J)

%在给定拟合参数 beta、残差 r 雅可比矩阵 J 的条件下，返回响应输出的预测值 ypred。

[ypred, delta]=nlpredci (FUN, inputs, beta, r, J)

%同时返回预测值的 95%的置信区间宽度的一半 dalta。置信区间的计算仅对系统中 r 的长度超过 beta 的长度且 J 为列满秩的情况有效。

ypred=nlpredci (FUN, inputs, beta, r, J, alpha, 'simopt','predopt')

%可控制置信区间的类型。置信度为 100(1−alpha)%。'simopt'可取'on'，函数返回同步置信区间，或取'off'，返回非同步置信区间。'predopt'可取'curve'(缺省)，函数返回输入的函数值得置信区间，或取'observation'，返回新的响应输出的置信区间。常利用 nlinfit 的输出作为输入。

8.5.2.4 交互式非线性拟合图形工具

函数 nlintool

格式 beta=nlintool (*X*,*y*, FUN, beta())

%对数据(x,y)进行非线性曲线拟合，显示预测图形。其中两条红色曲线给出 95%的全局置信区间。Beta()为包含参数的初始估计值的向量。

beta=nlintool(*X*,*y*, FUN, beta(),alpha)

%给出预测值的 100(1−alpha)%的置信区间。Alpha 的缺省值为 0.05，对应 95%的置信区间。

beta=nlintool (X,y, FUN, beta(),alpha, 'xname','yname')

%用字符串矩阵'xname'和'yname'分别对 x 变量和 y 变量标识。

8.9 案例分析

校友捐赠是高等学校收入的重要来源。若学校的管理员能确定影响捐赠的校友所占比例增长的因素,他们就有可能制定使学校收入增长的政策。研究表明,对于老师的沟通交往感到比较满意的学生,他们很可能更容易毕业。于是人们可能猜测,影响捐赠校友比例大小的因素有毕业率、低于 20 人班级的比例和学生教师比。利用 48 所学校四个指标的统计数据,建立一个能较好预测给予学校捐赠的校友所占比例的估计的回归方程,并对你的结果进行分析。(数据文件所在位置为 e:/statistics/jz. xls)

解:在命令窗口输入以下命令:

```
>> A=xlsread('e:/statistics/jz. xls');     %导入 excel 数据文件 e:/statistics/jz. xls;
GradRate=A(:,1);     %把矩阵 A 的第一列毕业率赋给变量 GradRate;
perofCU20=A(:,2);    %把矩阵 A 的第二列低于 20 人班级的比例赋给变量 perofCU20;
SFRatio=A(:,3);      %把矩阵 A 的第三列学生教师比赋给变量 SFRatio;
AGRate=A(:,4);       %把矩阵 A 的第四列捐赠校友比例赋给变量 AGRate;
X=[ones(48,1) GradRate perofCU20 SFRatio];
[b,bint,r,rint,stats]=regress(AGRate, X)
```

运行结果如下:

```
b=-20.7201    0.7482    0.0290    -1.1920
bint=-56.0321    14.5919
      0.4137     1.0827
     -0.2517     0.3098
     -1.9714    -0.4126
r=[-3.5118    2.1750   -1.0672    4.8130    2.5808    5.8769   -5.8708
-9.2760    1.0407   13.5396    4.4486    1.3292   -8.0126    1.5625   -9.9986
 11.6322    1.1517   -6.4824   -8.9969    3.5844   20.6281   -0.3771   -7.7724
-6.5894   -3.4712   -4.7992   -5.9265   -3.0249   -4.3726   -9.8802    2.8807
-3.2468   16.1079    3.1480  -11.9800    3.2797   13.3479    0.8401   -3.0512
```

4.3043 8.2397 −5.8943 −6.4230 −6.4756 −0.8775 8.7679 −4.3995 6.4989]'

rint=−18.1968	11.1731	−12.7283	17.0784	−16.1256	13.9912	−9.6042	19.2302
−12.0948	17.2564	−8.3072	20.0611	−20.6116	8.8699	−24.1701	5.6180
−13.1769	15.2583	−0.8956	27.9748	−10.6262	19.5235	−13.8136	16.4720
−22.8843	6.8591	−13.1830	16.3081	−24.9436	4.9463	−3.2657	26.5302
−13.9134	16.2169	−20.9087	7.9438	−23.9606	5.9668	−11.0100	18.1788
7.1086	34.1475	−15.5250	14.7707	−22.7103	7.1655	−21.6735	8.4947
−18.3392	11.3968	−19.3205	9.7220	−20.6082	8.7553	−17.7799	11.7302
−19.3467	10.6015	−24.2951	4.5347	−11.6774	17.4388	−17.9004	11.4068
2.6539	29.5619	−11.1074	17.4035	−26.7379	2.7780	−11.7082	18.2675
−0.8156	27.5115	−14.3439	16.0242	−17.9804	11.8779	−10.4664	19.0750
−5.9857	22.4651	−20.3667	8.5781	−20.4808	7.6347	−20.9289	7.9778
−15.9672	14.2122	−6.3162	23.8519	−19.3559	10.5570	−8.1676	21.1654

stats=0.6999 34.2125 0.0000

多元回归分析结果说明：全模型中包含所有自变量，由回归系数的最小二乘估计结果 b 可知回归方程的表达式为：AGRate=−20.7201+0.7482 GradRate+0.029 perofCU20 −1.192SFRatio。

由回归系数 95%置信的区间可看出：b_3 的估计区间[−0.2517 0.3098]包含 0 在内，可认为 $\beta_3=0$，即学生教师比对捐赠校友比例的影响不显著。由 stats 中的数据知，该方程至少有一个斜率项显著不为 0，但由 $R^2=0.6999$ 知，模型的拟合优度还有提升的空间。所以可以进一步利用逐步回归来选择适当的多元回归模型。

接下来在命令窗口输入如下命令：

```
>> X1=[GradRate perofCU20 SFRatio];        %构建自变量矩阵
s=regstats(AGRate,X1,'linear',{'yhat','r'});      %输出回归诊断统计量——响应变量拟合值和残差
scatter(s.yhat,s.r)          %画出以响应变量拟合值为横轴、残差为纵轴的散点图。
xlabel('Fitted Values'); ylabel('Residuals');
```

回归诊断运行结果如图 8.11。

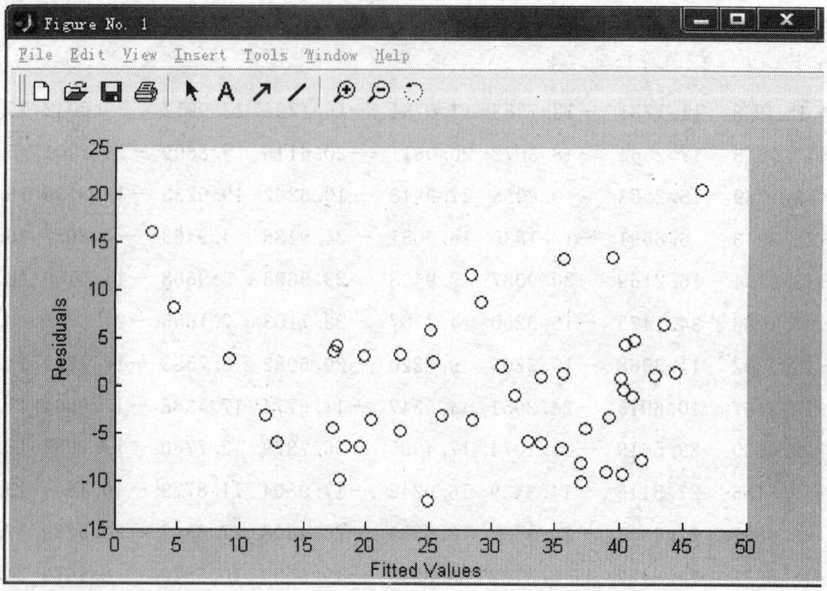

图 8.11　拟合值一残差图

回归诊断结果说明:由图 8.11 可知,所用样本数据满足线性回归模型的 0 均值、同方 差、线性性和独立性的假设。

stepwise(X1, AGRate)　　　　　　　　%逐步回归交互式图形工具

逐步回归运行结果如图 8.12~8.14。

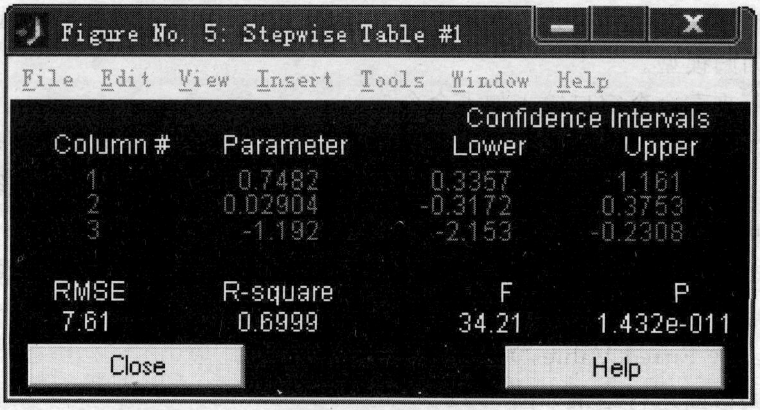
Figure No. 5: Stepwise Table #1

File Edit View Insert Tools Window Help

Column #	Parameter	Confidence Intervals Lower	Upper
1	0.7482	0.3357	1.161
2	0.02904	-0.3172	0.3753
3	-1.192	-2.153	-0.2308

RMSE	R-square	F	P
7.61	0.6999	34.21	1.432e-011

Close　Help

图 8.12　逐步回归诊断表

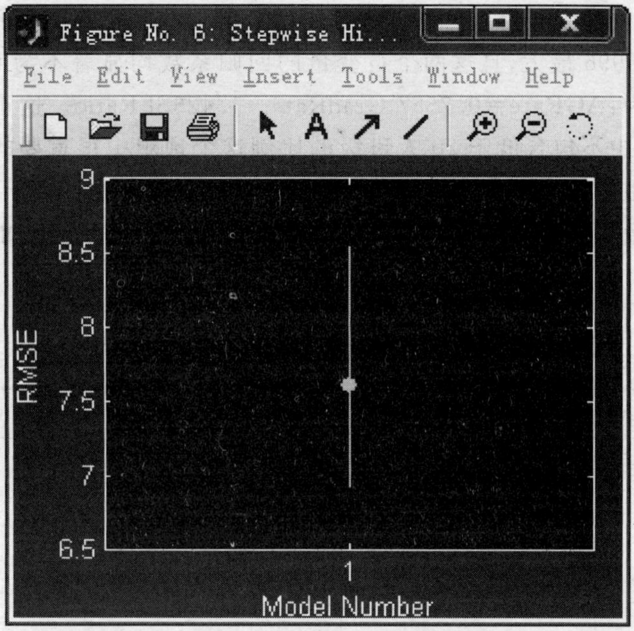

图 8.13 逐步回历史图

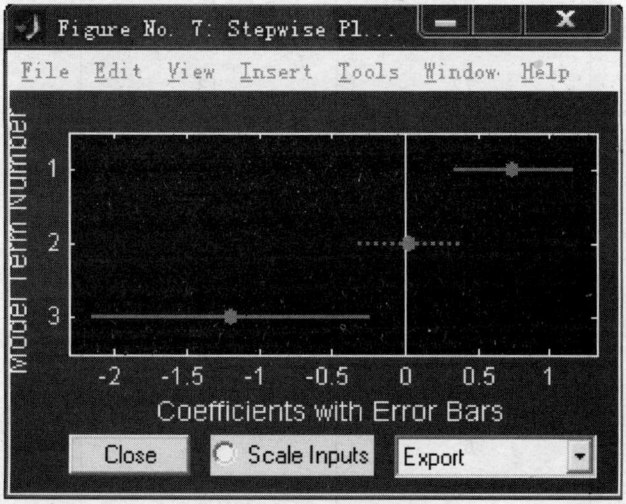

图 8.14 逐步回归图

逐步回归结果说明：根据三个关联图 8.12～8.14 的结果显示：除全模型外，其他简约模型中只有包含毕业率和学生教师比这两个自变量的模型的判定系数 $R^2=0.6996$ 最大，且这两个自变量的回归系数均显著不为 0。逐步回归的最优模型为：AGRate＝0.7557 GradRate－1.426SFRatio。这正跟我们的预期相反，模型中不包含低于 20 人班级的比例这个预想中很重要的变量。这种情况的出现主要是由于自变量间存在着较为严重的自相关。低于 20 人班级的比例这个变量的信息与学生教师比有信息的交叉，所以模型中只能包含其中一个。

附：数据文件 e:/statistics/jz. xls 的数据如下表：

Graduation Rate	% of Classes Under 20	Student/Faculty Ratio	Alumni Giving Rate
85	39	13	25
79	68	8	33
93	60	8	40
85	65	3	46
75	67	10	28
72	52	8	31
89	45	12	27
90	69	7	31
91	72	13	35
94	61	10	53
92	68	8	45
84	65	7	37
91	54	10	29
97	73	8	46
89	64	9	27
81	55	11	40
92	65	6	44
72	63	13	13
90	66	8	30
80	32	19	21

续表

Graduation Rate	% of Classes Under 20	Student/Faculty Ratio	Alumni Giving Rate
95	68	5	67
92	62	8	40
92	69	7	34
87	67	9	29
72	56	12	17
83	58	17	18
74	32	19	7
74	42	20	9
78	41	18	13
80	48	19	8
70	45	20	12
84	65	4	36
67	31	23	19
77	29	15	23
83	51	15	13
82	40	16	26
94	53	13	49
90	65	7	41
76	63	10	23
70	53	13	22
66	39	21	13
92	44	13	28
70	37	12	12
73	37	13	13
82	68	9	31
82	59	11	38
86	73	7	33
94	77	7	50

8.10 实验小结

本实验项目主要介绍了线性回归模型和非线性回归模型建立。多元线性回归模型的建立包括回归参数的最小二乘估计、自变量的选取及模型的诊断。非线性回归模型又分为可线性化模型和不可线性化模型两种类型，对于可线性化回归模型，可完全按照线性回归模型的建立和诊断方法进行曲线回归，但对于不可线性化回归模型则必须采用迭代的办法求解模型参数。

8.11 练习题

1. 某地区某 11 年间新增固定资产与该地区国内生产总值的资料如下：

年度	1	2	3	4	5	6	7	8	9	10	11
新增固定资产(亿元)X	2.3	2.2	2.6	2.2	2.5	2.7	3.7	4.4	3.8	4.2	4.3
国内生产总值(亿元)Y	28.2	23.5	25.0	24.3	26.4	29.3	33.5	36.8	39.4	42.0	43.0

试按上表资料：

(1)画出该地区国内生产总值(Y)增长与新增固定资产(X)之间的散点图。

(2)建立线性回归方程研究该地区国内生产总值(Y)增长与新增固定资产(X)之间的依存关系。

(3)作方程和变量的显著性检验；($\alpha=0.05$)

(4)若该回归方程到第 13 年继续适用，并设这一年该地区新增固定资产达 4.8 亿元，则该地区国内生产总值可能达到多少，并建立 95%的置信区间。

2. 根据下列数据，其中 Y 表示反应率，用百分比度量，X 为刺激。建立 $\frac{100}{100-Y}$ 与 X 的关系模型，估计模型参数并简述该模型函数的性质并画出草图。

X	3	7	12	17	25	35	45	55	70	120
Y	86	79	76	69	65	62	52	51	51	48

3. 某商场 9 年间皮鞋销售额(万元)的统计资料如下表所示。考虑指数增长模型 $\ln Y=\alpha+\beta t+\varepsilon$，利用下表中的数据进行回归模型拟合，并预测第 10 年该商场皮鞋的销售额。

时间 t	1	2	3	4	5	6	7	8	9
销售额 Y	4.1	5.3	7.2	9.6	12.9	17.1	23.2	29.5	37.4

4. 下表给出某地区职工平均消费水平，职工平均收入和生活费用价格指数：

时间序号	平均消费支出 y	平均收入 x_1	生活费用价格指数 x_2
1	20.10	30.00	1.00
2	22.30	35.00	1.02
3	30.50	41.20	1.20
4	28.20	51.30	1.20
5	32.00	55.20	1.50
6	40.10	60.40	1.05
7	42.10	65.20	0.90
8	48.80	70.00	0.95
9	50.50	80.00	1.10
10	60.10	92.10	0.95
11	70.00	102.00	1.02
12	75.00	120.30	1.05

试利用多元线性回归分析方法建立一个较优的模型。

参考文献

[1] 魏巍. MALAB应用数学工具箱技术手册[M]. 北京：国防工业出版社，2004.

[2] 张志涌. MATLAB 6.5[M]. 北京：北京航空航天大学出版社，2003.

[3] 苏金明，张莲花，刘波. MATLAB 工具箱应用[M]. 北京：电子工业出版社，2004.

[4] 蒲俊，吉家锋，伊良忠. MATLAB 6.0 数学手册[M]. 上海：浦东电子出版社，2002.

[5] 闻新，周露，张鸿. MATLAB科学图形构建基础与应用(6. X)[M]. 北京：科学出版社，2002.

[6] 梁之舜，邓集贤，杨维权，司徒荣，邓永录. 概率论及数理统计[M]. 北京：高等教育出版社，1998.

[7] 李贤平. 概率论基础[M]. 北京：高等教育出版社，1997.

[8] 陈仲生. 基于 Matlab 7.0 统计信息处理[M]. 长沙：湖南科学技术出版社，2005.

[9] 李涛，贺勇军，刘志俭. Matlab 工具箱应用指南——应用数学篇[M]. 北京：电子工业出版社，2000.

[10] 王岩，隋思涟，王爱青. 数理统计与 Matlab 工程数据分析[M]. 北京：清华大学出版社，2006.